U0155484

机器视觉
入门与实战

组织单位：深圳市人工智能产业协会

主　编：范丛明　王　璐　陈军勇

副主编：胡小波　董正桥　杨诗虹

编　委（按姓氏笔画排序）：

王　璐　冯子元　朱国雷　刘津羽　严立超　李　丹

李功博　李高阳　杨诗虹　张宗亮　陈　悦　陈军勇

范丛明　周柔刚　胡小波　徐鲜艳　董正桥　蒋学刚

SPM 南方传媒 | 广东科技出版社 全国优秀出版社

· 广 州 ·

图书在版编目（CIP）数据

机器视觉入门与实战 / 范丛明，王璐，陈军勇主编. —广州：
广东科技出版社，2022.7
（人工智能职业技能培训丛书）
ISBN 978-7-5359-7900-1

Ⅰ．①机…　Ⅱ．①范…②王…③陈…　Ⅲ．①计算机视觉
Ⅳ．①TP302.7

中国版本图书馆CIP数据核字（2022）第124811号

机器视觉入门与实战

Jiqi Shijue Rumen yu Shizhan

出 版 人：严奉强
策划编辑：陈定天
责任编辑：刘碧坚
封面设计：王　勇
装帧设计：友间文化
责任校对：李云柯　廖婷婷
责任印制：彭海波
出版发行：广东科技出版社
　　　　　（广州市环市东路水荫路11号　邮政编码：510075）
销售热线：020-37607413
http://www.gdstp.com.cn
E-mail：gdkjbw@nfcb.com.cn
经　　销：广东新华发行集团股份有限公司
印　　刷：广州一龙印刷有限公司
　　　　　（广州市增城区荔新九路43号1幢自编101房　邮政编码：511340）
规　　格：787 mm×1 092 mm　1/16　印张22.5　字数450千
版　　次：2022年7月第1版
　　　　　2022年7月第1次印刷
定　　价：98.00元

序

近年来在国家多项政策和科研基金的支持与鼓励下，我国人工智能发展势头迅猛。在技术攻关、产业应用和基础研究方面，我国已拥有人工智能研发队伍和国家开放创新平台等设施齐全的研发机构，并先后设立了各种与人工智能相关的研究课题，研发产出数量和质量也有了很大提升，已取得许多突出成果，人工智能创新创业日益活跃。我作为深圳市人工智能产业协会名誉主席兼协会标准委员会主任，见证了协会的发展。协会从成立开始就专注于为产业人才服务，这过程中不断探索人工智能人才的培养模式并开发相关培训教材，经历了从教材课件到课程任务指导书再到希望形成统一规范的教材来指导人工智能人才的培养。

欣闻《机器视觉入门与实战》即将出版，很荣幸受深圳市人工智能产业协会执行会长范丛明的邀请为本书作序。范丛明是典型的计算机"科班出身"：本科毕业于复旦大学计算机系，研究生专业是数据挖掘，后又在电子科技大学与里斯本大学学院攻读管理学博士学位。他毕业时，正是2000年左右，彼时我国迎来第一次互联网浪潮，范丛明也先后在神舟电脑、华讯方舟等科技公司担任重要职务。范丛明创办深圳市人工智能产业协会的初衷：相信AI的力量，想把握AI的机遇，同时做点自己擅长且有未来的事情。三年来，其不忘初心，坚持用脚步丈量AI的每一寸土地，在各方面都取得了显著的成果。

根据《深圳市人工智能行业技能人才现状及供需调研分析报告》数据显示：深圳现有人工智能人才18.34万人，未来五年预计人才需求合计28.35万人，平均每年人才需求5.67万人。未来五年人才总需求量中，技能人才需求量约18.46万人，专业技术人才需求量约9.89万人。深圳市人工智能产业协会2020年以来，已经开展了将近2 200人次的人工智能系列公益培训，收到了良好的效果。在开展公益培训的8门课程中，机器视觉课程深受学员喜爱，因此针对这门课程，编写了《机器视觉入门与实战》。本书以项目任务为导入，以实操任务的形式进行详细讲解，图文并茂，简单易懂，希望

用实操项目案例为培训增加实践体验，为企业培养机器视觉实操的技能实操人才提供参考。

回顾范丛明的这本书，有一大特点，就是力图把事情说明白从理论基础知识到入门再到进阶，将抽象、枯燥的机器视觉知识，通过实操案例情景深入浅出地展现出来，可以帮助读者扎实地打好人工智能的知识与应用基础。本书阐述了机器视觉与计算机科学技术里的图像识别的不同：机器视觉获取的不是只有信号的部分，它也是整个系统的集合，是一个大量领域软硬件的集成，是一个综合知识及方法的研究领域。同时本书对 HCvisionQuick 机器视觉软件进行了详细的介绍，对软件画面功能模块和应用场景也进行了详细的演示。作者很有心，结合大湾区企业情况，精心挑选了适合3C电子、机器人、半导体、电子元器件等行业的机器视觉应用案例，满足中小企业的人才培养需要。

这本书填补了机器视觉理论知识及实操的缝隙。如果您从事相关工作或未来想进入机器视觉领域，本书对您将有一定的助益，希望您在愉快地阅读这本书的同时也能获得相关知识。祝愿范丛明带领的团队精益求精，根据读者反映和系统的发展不断丰富改进本书，更希望早日有新作问世。

陈俊龙

欧洲科学院（Academia Europaea）外籍院士

华南理工大学计算机科学与工程学院院长

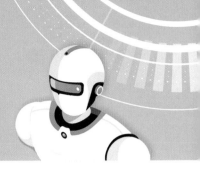

前言

　　时光飞逝，2020年深圳市人工智能核心产业规模143亿元，2021年深圳市人工智能核心产业规模突破203亿元，伴随着深圳奥尼电子股份有限公司、深圳市商汤科技有限公司、深圳市三旺通信股份有限公司等人工智能公司的陆续上市，人工智能产业化不断落地，传统产业智能化不断提高。2022年我们翘首以待，深圳云天励飞技术股份有限公司、奥比中光科技集团股份有限公司、深圳市优必选科技股份有限公司、深圳市华成工业控制股份有限公司、深圳思谋信息科技有限公司、达而观信息科技（上海）有限公司、深圳鲲云信息科技有限公司、深圳优艾智合机器人科技有限公司等一大批独角兽、新锐企业即将上市。我们感谢各级政府的肯定，感激广大会员企业的大力支持，感恩人工智能产业的无限机遇。

　　深圳市人工智能产业协会集聚了一批优质的人工智能企业资源，自2020年以来，已经开展了将近2 200人次的人工智能系列公益培训，收到了良好的效果。同时协会可以较好地组织优质AI企业的优秀讲师和高校教师资源，以及专业机构参与人才培养，可快速培养中低级别紧缺人才，可以作为AI产业人才培养的重要补充力量。其中的"人工智能机器视觉检测技术与应用"课程受到政府、学员和企业的一致好评。机器视觉就是用机器代替人眼来进行测量和判断。当今，人工智能高速发展，用机器代替人眼进行操作的场景越来越多，机器视觉成为人工智能快速发展的一个重要分支。机器视觉是一项综合技术，包括图像处理、机械工程技术、控制、电光源照明、光学成像、传感器、模拟与数字视频技术、计算机软硬件技术（图像增强和分析算法、图像卡、I/O卡等）。

　　基于此，深圳市人工智能产业协会为了使读者能更好地掌握相关知识，在总结教学经验和实践的基础上，联合相关企业人员，共同编写了《机器视觉入门与实战》。本书将作为深圳人工智能职业技能公益培训指定教材，以项目学习为导向，更容易让读者产生兴趣，同时也通过精心设计的实操案例激励读者的自发性调查与高级思考。本书具有以下特点：

（1）本书内容由浅入深，由基础到入门，由进阶到实战，既适合学生阅读，同时也适用于OEM厂商、系统集成商及终端客户这样的机器视觉从业者学习HCvisionQuick机器视觉软件的实战应用。

（2）用实操引导读者学习，理论与实践相结合，知识与生产应用相结合。本书大部分章节采用了任务背景、能力目标、知识准备和任务实操的模式，将一些生动的实操案例融入书中，提高了读者的学习兴趣。

（3）结合大湾区企业情况，精心挑选了适合3C电子、机器人、半导体、电子元器件等行业的机器视觉应用案例，满足中小企业的人才培养需要。

（4）视频辅助学习。对于重点和比较复杂的实验，本书配备了视频讲解，读者可以通过以下网址观看相关视频，辅助学习：http://www.hc-vision.cn/index/video?cid=3。

全书紧紧围绕着机器视觉入门与实战展开论述，共分为5篇和18个机器视觉任务。

第一篇为机器视觉基础篇，包括人工智能介绍、人工智能产业发展现状与趋势、全球主要经济体的人工智能发展与趋势、机器视觉介绍、机器视觉的发展现状、机器视觉与计算机视觉和机器视觉的应用发展趋势等。

第二篇为机器视觉系统认知篇，包括机器视觉系统搭建实验、机器视觉硬件选择实验和机器视觉图像基础处理实验三个任务。

第三篇为机器视觉入门篇，分别包括来自低压电器、电子元器件、日用品、家电和3C电子等五个行业的尺寸测量、颜色识别、缺陷检测、字符识别和图形检索等五个任务。

第四篇为机器视觉进阶篇，包括位置补正及条件设定、运行画面设定、通讯输出设置、变量赋值与比较和计算器编程与应用等五个更高层级的机器视觉进阶任务。

第五篇为机器视觉实战篇，分别包括来自半导体、食品和机器人等三个行业的芯片检测、瓶盖检测、机器人基本操作、视觉引导机器人无序抓取和视觉引导机器人运动跟随等五个实战任务。

本书的编写得到了杭州汇萃智能科技有限公司、深圳晶华相控科技有限公司、深圳天朴科技有限公司、深圳市镭神智能系统有限公司的支持，在此一并表示感谢！周才健、王璐、陈军勇、胡小波、蒋学刚、周柔刚、董正桥、严立超、杨诗虹、陈悦、李高阳、徐鲜艳、李功博、朱国雷、张宗亮、冯子元、李丹、刘津羽等参与了本书的编写工作。

本书由深圳市人工智能产业协会组编。由于编者水平有限，书中难免有不妥和错误之处，恳请读者批评指正。

编　者

CONTENTS

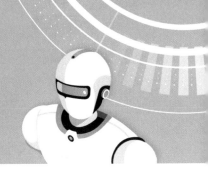

第一篇

机器视觉基础

第一章 人工智能绪论

第一节 什么是人工智能

第四次工业革命即将开启，人工智能（artificial intelligence，AI）作为第四次工业革命的代表正在对这个时代产生莫大影响。人工智能概念于1956年首次提出，其发展几经沉浮，方兴未艾。随着核心算法的突破、计算能力的迅速提高以及海量互联网数据的支撑，人工智能终于在21世纪的第二个十年里迎来质的飞跃，成为全球瞩目的科技焦点。

作为计算机科学的一个分支，人工智能是研究、开发用于模拟、延伸和扩展人的智能的理论、方法、技术及应用系统的一门新的技术科学，是一门自然科学、社会科学和技术科学交叉的边缘学科，它涉及的学科内容包括哲学、认知科学、数学、神经生理学、心理学、计算机科学、信息论、控制论、不定性论、仿生学、社会结构学与科学发展观等。

随着技术的发展和革新，人类学习知识的途径逐渐从进化、经验和传承演化为借助计算机和互联网进行传播和储存。由于计算机的出现，人类获取知识开始变得更加高效和便捷。强大的计算机算法使计算机系统逐渐获得类人的能力，包括视觉、语言的能力和方向感等。在人工智能众多的分支领域中，"机器学习"（machine learning）是人工智能的核心研究领域之一。据统计，89%的人工智能专利申请和40%人工智能范围内的相关专利均属于机器学习范畴。机器学习的研究动机是为了让计算机系统具有人的学习能力以便实现人工智能。计算机可以效仿人脑并模拟进化，系统化地减少不确定性，识别新旧知识的相同点，并完成学习。

算法是人工智能的底层逻辑中产生人工智能的直接工具，如图1-1所示。从历史的进程来看，人工智能自1956年提出以来，经历了三个阶段，这三个阶段同时也是算法和研究方法更迭的过程。

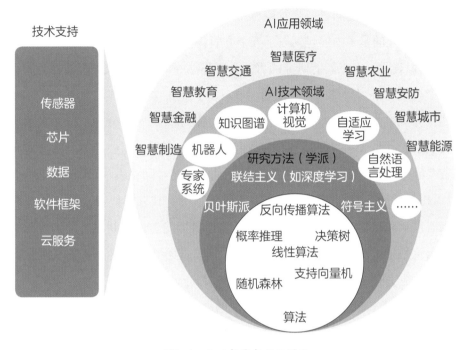

图1-1　人工智能各层级图示

（1）第一阶段是20世纪60—80年代，人工智能迎来了黄金时期，以逻辑学为主导的研究方法成为主流，但最终难以实现人工智能通过计算机来实现机械化的逻辑推理证明。其中，1974年到1980年间，人工智能技术的不成熟和过誉的声望使其进入人工智能"寒冬"，人工智能研究和投资大量减少。

（2）第二阶段是20世纪80年代至90年代。1980年到1987年，专家系统研究方法成为人工智能研究热门，资本和研究热情再次燃起。1987年到1993年，计算机能力比之前几十年已有了长足的进步，研究者试图通过建立基于计算机的专家系统来解决问题。但是由于数据较少并且太局限于经验知识和规则，难以构筑有效的系统，资本和政府支持再次撤出，人工智能迎来第二次"寒冬"。

（3）第三个阶段是20世纪90年代以后。1993年到2011年，随着计算力和数据量的大幅度提升，人工智能技术获得进一步优化。近年来，数据量、计算力的大幅度提升和理论框架的逐渐完善，使人工智能在机器学习，特别是神经网络主导的深度学习领域得到了极大的突破。基于深度神经网络的人工智能发展，逐渐步入快速发展期。

数据是人工智能底层逻辑中不可或缺的支撑要素。随着人工智能技术的迭代更新，从数据生产、采集、储存、计算、传播到应用都将被高效自动化的机器所替代，从而反过来助推人工智能的进一步发展。

人工智能研究的基本内容包括以下五个方面：

（1）知识表示。人工智能研究的目的是要建立一个能模拟人类智能行为的系统。为达到这个目的就必须研究人类智能行为在计算机上的表示形式，只有这样才能把知识存储到计算机中去，以供求解现实问题。知识表示方法可以分为：符号表示法和连接机制表示法。符号表示法是用各种包含具体含义的符号，以各种不同的方式和顺序组合起来表示知识的一类方法。连接机制表示法是用神经网络表示知识的一种方法。

（2）机器感知。机器感知就是使机器（计算机）具有类似于人类的感知能力，其中以机器视觉和机器听觉为主。机器视觉是让机器能够识别并理解文字、图像、景物；机器听觉是让机器能够识别并理解语言、声音等。机器感知是机器获取外部信息的基本途径，是使机器具有智能不可或缺的组成部分。

（3）机器思维。机器思维是指通过获取的外部信息及机器内部的各种工作信息进行有目的的处理。机器思维是人工智能研究中最为重要和关键的部分，它能使计算机模拟人类的思维活动，像人一样既可以进行逻辑思维，又可以进行形象思维。

（4）机器学习。机器学习是研究如何使计算机具有类似人类的学习能力，以通过学习自动地获取知识，它与脑科学、神经心理学、计算机视觉、计算机听觉等有密切联系，并依赖于这些学科的共同发展。

（5）机器行为。与人的行为能力相对应，机器行为主要是指计算机的表达能力，即"说""写""画"等能力。例如，语言合成、人机对话等。对于智能机器人，还应具备人的行为功能，如走路、操作等。

综上所述，目前人工智能的核心是以数据为基础，以深度学习算法为主要技术手段的大数据挖掘技术。它从海量的数据中提取隐含的数据原始信息，辅以高性能计算，进一步深度感知信息的隐藏价值，继而帮助甚至替代人类进行复杂数据处理，快速、精确完成高知识密度的任务。

第二节　人工智能产业发展现状与趋势

全球人工智能产业已进入加速发展阶段，通过与传统产业的深度融合，催生新业态，助力实体经济向数字化、智能化转型。人工智能技术将逐渐转变为像网络、电力一样的基础服务设施，向全产业、全领域提供通用的AI能力，为产业转型打造智慧底座，促进产业数字化升级和变革。AI已经渗透到工业、医疗、智慧城市等各个领域。放眼2022年，人工智能产业发展的趋势可以概括为以下五个方面：

（1）深度学习技术正从语音、文字、视觉等单模态向多模态智能学习发展。

深度学习技术未来甚至可以将嗅觉、味觉、心理学等难以量化的信号进行融合，实现多个模态的联合分析，推进深度学习从感知智能升级为认知智能，在更多场景、更多业务上辅助人类工作。多模态融合能够推动人机交互模式的升级，人机交互过程中可以从视觉、听觉、触觉等多个方面体会机器的情感和表达的语义，通过图文、语音、动作等多方式互动，从整体上提高人机交互的自然度和精确度。未来的多模态数字人应当具备类似人的看、听、说和知识逻辑能力，在"人工智能更像人"这个进程中更进一步。

（2）人机交互更加注重情感体验。

通过计算机科学与心理科学、认知科学的结合，情感机器人将具有识别、理解和表达喜怒哀乐的能力，识别用户的需求和环境信息的变化，理解人的情感意图，并做出适当反应。这种情感反馈信息在优化推荐、广告定制、智能决策等领域将发挥重要作用。

（3）AI将呈现多平台多系统协同态势，以实现更为广泛的赋能。

AI的多平台多系统协同具体可通过两个路径实现。一是通用平台向产业平台分化。立足于传统产业各自的产业业务逻辑，实现融合产业基础应用，深耕产业应用场景。二是端侧系统向协同系统发展。要实现通用平台、产业平台和端侧应用的协同组合，以软硬一体的方式实现具体应用的功能定制和扩展。

（4）聚焦"端侧AI"。

作为云计算的补充和优化，边缘计算可以在云上依靠深度学习生成数据，在设备上执行模型的推断和预测。这样能够改善信号延迟情况，提高实时处理速率，具备更

高的可靠性和安全性，同时可在新旧设备之间灵活部署，实现信息互联互通。

（5）AI与其他数字技术将会有更广泛融合、碰撞，带来无限想象空间。

首先，AI与量子计算的结合，量子计算能够极大地提高生成、存储和分析大量数据的效率，增强机器学习的能力。其次，将人工智能融入VR/AR应用中，能够更精准地识别目标，提高视觉、行为形态和感知的真实性。再次，人工智能与区块链结合，以去中心化的方式，对大量数据进行组织和维护，使更大规模、更高质量、可控制权限、可审计的全球去中心化人工智能数据标注平台成为可能。最后，AI与5G融合的前景也非常广阔，5G提供了强大、可靠的连接，能最大限度地提高AI在设备上的响应速度，满足智慧城市、智能制造、医疗、交通等多领域的需求。

第三节 全球主要经济体的人工智能发展与趋势

全球主要国家纷纷将人工智能作为经济发展和科技创新的重要战略资源。但因资源禀赋、创新能力、发展目标等方面的差异，其战略周期、战略目标任务、研发重点和应用领域布局等各有侧重。

美国致力于确保其人工智能在全球的领先地位，从国家层面调动更多联邦资金和资源，投入人工智能研究，重点推进研发、资源开放、政策制定、人才培养和国际合作五个领域。

英国致力于建设世界级人工智能创新中心，2018年，其政府发布《产业战略：人工智能领域行动》政策文件，就想法、人民、基础设施、商业环境、地区五个生产力基础领域制定了具体的行动措施。

欧盟确保欧洲人工智能的全球竞争力，2018年发布《欧盟人工智能战略》，签署合作宣言，发布协同计划，联合布局研发应用，确保以人为本的人工智能发展路径，打造世界级人工智能研究中心，在类脑科学、智能社会、伦理道德等领域开展全球领先研究。

日本以建设超智能社会5.0为引领，将2017年确定为人工智能元年，发布国家战略，全面阐述了日本人工智能技术和产业化路线图，针对"制造业""医疗和护理产业""交通运输"等领域，希望通过人工智能强化其在汽车、机器人等领域全球领先优势，着力解决本国在养老、教育和商业领域的国家难题。

德国推动人工智能研发应用达到全球领先水平。定位打造"人工智能德国造"（AI made in Germany）全球品质，发布《联邦政府人工智能战略》，制定3大战略目标，编制12个具体行动领域，重点发展机器人、自动驾驶等。

中国以人工智能为核心的新一轮科技和产业革命方兴未艾。通过人工智能创造全新产品和服务，推动传统产业转型升级，已经成为推动供给侧结构性改革、实现高质量发展的重要着力点。我国人工智能产业有如下特点：

（1）基础层产业基础扎实。人工智能基础层可以分为智能计算集群、智能模型开发工具、数据基础服务与治理平台等模块。我国人工智能基础层企业通过提供算力、开发工具或数据资源，助力人工智能应用在各行业领域、各应用场景落地，支撑人工智能产业健康稳定发展。

（2）技术层和应用层的产业发展齐头并进。从技术研发角度看，我国在语音识别、机器视觉、大数据分析、数字建模、知识图谱、应用技术等领域，整体上在全球处于领先的地位。应用层产业在始终坚持底层技术研发为主导，聚焦技术创新潜力的同时，不断寻找挖掘新的应用需求。

（3）产业智能化升级的巨大空间带动我国应用层产业迅猛发展。我国在制造、交通、金融、医疗、教育等传统产业的发展相对于发达国家而言，产业发展程度和基础设施水平都有较大的改造和提升空间，为新一代人工智能应用层产业加速落地提供了广阔的市场空间。

（4）智慧城市建设发展飞速，一线城市处于领先地位。基础设施和服务水平方面，北京、深圳、上海的IT基础设施建设完备；杭州、上海、北京的基础服务较好，尤其是线上政务服务。

我国人工智能政策随着新冠肺炎疫情形势得到缓解而逐步落地，技术应用商业化进程加快，人工智能技术和应用飞速发展，带来更为持久深刻的思维与变革。

第二章 机器视觉绪论

第一节 什么是机器视觉

机器视觉（machine vision，MV）就是用机器代替人眼来做测量和判断。当今，人工智能高速发展，用机器代替人眼进行操作的场景越来越多，机器视觉成为人工智能快速发展的一个重要分支。机器视觉是一项综合技术，包括图像处理、机械工程技术、控制、电光源照明、光学成像、传感器、模拟与数字视频技术、计算机软硬件技术（图像增强和分析算法、图像卡、I/O卡等）。目前该项技术在果蔬采摘、零件检测、药品检测、航天高温风洞系统、天气预测、侦查追踪、智能交通、安防监控等多个领域已经得到广泛应用，随着现代技术的快速发展、机器视觉技术的使用也逐渐成熟，成了社会发展不可缺少的一项重要技术。

由于机器视觉涉及的领域非常广泛且复杂，因此目前还没有明确统一的定义。美国制造工程师协会（society of manufacturing engineers，SME）机器视觉分会和美国机器人工业协会（robotic industries association，RA）的自动化视觉分会对机器视觉下的定义为："机器视觉是研究如何通过光学装置和非接触式传感器自动地接收、处理真实场景的图像，以获得所需信息或用于控制机器人运动的学科。"

作为人工智能的重要分支，机器视觉技术采用场景视像处理装置或软件取代了人的视觉识别功能。人工智能发展过程中，人类大脑、四肢、感官和神经已逐渐被CPU、运动控制、传感器和网络取代，人类视觉是最后几个被取代的器官之一。

人类视觉是获知外界事物多元信息的一个重要渠道，将获得的信息传入大脑，由大脑结合人类知识经验处理分析信息，完成信息的识别。通常，机器视觉相当于机器的"眼睛"，但其功能又不仅仅局限于模拟视觉对图像或视频流信息的接收，还包括模拟大脑对相关信息的处理与判断。如表2-1所示，机器视觉与人类视觉既相似又存在诸多不同。

表2-1　人类视觉与机器视觉

项目	人类视觉	机器视觉
适应性	适应性强，可在复杂及变化的环境中识别目标	适应性差，容易受复杂背景及环境变化的影响
智能	具有高级智能，可运用逻辑分析及推理能力识别变化的目标，并能总结规律	虽然可利用人工智能及神经网络技术，但智能很差，不能很好地识别变化的目标
彩色识别能力	对色彩的分辨能力强，但容易受人的心理影响，不能量化	受硬件条件的制约，目前一般的图像采集系统对色彩的分辨能力较差，但具有可量化的优点
灰度分辨力	差，一般只能分辨64个灰度级	强，目前一般使用256灰度级，采集系统可具有10 bit、12 bit、16 bit等灰度级
空间分辨力	分辨力较差，不能观看微小的目标	目前有4K×4K的面阵摄像机和8K的线阵摄像机，通过配置各种光学镜头，可以观测小到微米大到天体的目标
速度	0.1秒的视觉暂留使人眼无法看清较快速运动的目标	快门时间可达到10微秒左右，高速摄像机帧率可达到1 000以上，处理器的速度越来越快
感光范围	400～750 nm范围的可见光	从紫外到红外的较宽光谱范围，另外有X光等特殊摄像机
环境要求	对环境温度、湿度的适应性差，另外有许多场合对人有损害	对环境适应性强，另外可加防护装置
观测精度	精度低，无法量化	精度高，可观测到微米级，易量化
其他	主观性，受心理影响，易疲劳	客观性，可连续工作

截至目前，机器视觉在智能处理及识别方面与人类视觉还有较大差距，但在工业应用中已具有诸多优势。

（1）安全可靠。观测者与被观测者之间无接触，不会产生任何损伤，所以机器视觉可以广泛应用于不适合人工操作的危险环境或者是长时间恶劣的工作环境中，十分安全可靠。

（2）生产效率高，成本低。机器视觉能够更快地检测产品，并且适用于高速检测场合，大大提高了生产效率和生产的自动化程度，加上机器不需要停顿，能够连续工作，这也极大提高了生产效率。机器视觉早期投入高，但后期只需要支付机器保护、维修费用即可。随着计算机处理器价格的下降，机器视觉的性价比也越来越高，而人

工和管理成本则逐年上升。从长远来看，与人工相比，机器视觉的成本会更低。

（3）精度高。机器视觉的精度能够达到千分之一英寸，且随着硬件的更新，精度会越来越高。

（4）准确性高。机器检测不受主观控制，具有相同配置的多台机器只要保证参数设置一致，即可保证相同的精度。

（5）重复性好。人工重复检测产品时，即使是同一种产品的同一特征，也可能会得到不同的结果，而机器由于检测方式的固定性，因此可以一次次地完成检测工作并且得到相同的结果，重复性强。除肉眼可见的物质外，还可以检测红外线、超声波等，扩展了视觉检测范围。

第二节　机器视觉的发展现状

机器视觉的概念始于20世纪50—60年代，Roberts将视觉环境限制于对物体形状及空间位置关系描述的"积木世界"，而正式的视觉系统出现于20世纪70年代。到了80年代，David Marr教授视觉理论的出现促进了有关机器视觉技术新理论、新方法的研究，进而推动了新兴工业的发展。进入90年代，随着CCD电荷耦合元件、CMOS图像传感器以及数字接口技术的广泛应用，出现了小型化、轻量化和低功耗的工业视觉设备，带动了整个智能产业发展。机器视觉技术的发展经历了如下六个阶段：

（1）20世纪50年代：机器视觉的研究主要集中在二维图像的简单分析和识别上，像字符、工件、图片的分析和处理等，多用于航天、工业的制造与研究。

（2）20世纪60年代：利用计算机程序从数字图像中提取出诸如立方体、楔形体、棱柱体等多面体的三维结构，提出基于机器视觉的多面体零件特征提取技术，进而为识别三维物体和三维计算机视觉研究打下坚实的基础。

（3）20世纪70年代：这个时期才有人首次提出较为完整的机器视觉理论，也陆续出现了一些视觉应用系统。简单的视觉应用系统小部分地代替人工生产，让工业生产逐步向自动化方向发展。

（4）20世纪80年代：机器视觉技术在这个时期获得蓬勃发展，随着一些新概念、新方法、新理论的不断涌现。机器视觉技术也不断和其他技术相结合，产生新的生产方式应用于工业生产中，机器视觉也逐渐被人们熟知和应用，使其在工业生产中掀起新的生产浪潮。

（5）20世纪90年代：机器视觉技术开始应用于零部件的装配。同时，有人提出将机器视觉和神经网络技术相结合，实现了对机械零件表面粗糙度的非接触测量。这一技术的实现让众多机械零件表面的检测得到了应用，代替了人工检测，提高了工业生产效率，让众多工人的双手和双眼从工厂生产中解放出来。

（6）21世纪：机器视觉的发展已相对成熟，很多企业将机器视觉的优点大量应用于工业生产。现如今的时代是智能化的时代，现代工厂的生产也不断追求自动化以及机械化，倡导将传统的人工生产解放出来，越来越多的产业已经在工业生产智能化方面做得相当出色。机器视觉技术作为工业智能化生产中的关键技术，也不断地被人们改进。

由此可见，机器视觉技术一步步地发展到现阶段，已经相对成熟，并且在各个领域都大规模应用，尤其在工业领域发挥了至关重要的作用。机器视觉技术在国内外应用情况如下：

（1）国外的技术应用情况。

作为人工智能重要的一部分技术，机器视觉将是促进社会各行业进入智能时代的关键技术，因此它也被称为"工业之眼"。早在1960年就有人提出"机器视觉"的概念，一直发展到今天，很多国家已经将这项技术熟练地应用到生产生活中。全世界机器视觉专利的分布主要集中在美国、欧洲、日本等发达国家和地区，其中欧美在这一领域的研究及应用在全世界遥遥领先于其他地区的国家。行业内知名的从事机器视觉的企业主要有康耐视、基恩士、Euclid Labs公司等。

美国康耐视公司开发出了一种名为"康耐视DataMan7500"的产品，利用该产品医院可以先设置外壳器械包工具清单，然后正确地在外壳器械包内加载相应的器械。通过电化的方式，在每件器械中都采用了一个2D Data Matrix条形码。在器械包组装的时候，通过对此条形码扫描可以确保组装的准确性，并且通过该条形码还可以实现对器械的位置追踪。DataMan7500是可移动的，可以一次性在多种器械上方移动该设备，非常省时，并且器械的扫描准确度达到100%。

日本基恩士公司研发的"AI+图像"传感器可自动设定并有意识地应对光线变化，在齿轮齿数、金属部件加工是否合格、瓶盖是否锁紧、识别标签品种等都实现了稳定检测。

意大利Euclid Labs公司开发的机器人三维视觉系统和离线编程系统中的三维视觉系统主要用于上下料的机器人随机抓取、折弯钣金定位、码垛拆垛、三维位置识别和检测等，具有智能化、精度高、调试方便等特点，在国际处于领先水平。

（2）国内技术应用情况。

机器视觉在我国的起步相对比较晚，在工业领域被真正广泛应用也就十几年的时间。现在行业处于快速发展期，发展空间很大。具体体现为行业的市场容量增长快、应用领域在扩大、从业的企业数量也不断增多。机器视觉自主创新能力也在逐渐提高，在2010年机器视觉技术水平到了快速发展阶段，在全球技术发展中，我国成为最活跃的地区之一。2017年，有1 004项专利是机器视觉领域的。

海康威视研发的星光级全景网络高清智能球机，它的全景画面由8个传感器拼接而成，可实现360度的全景监控；镜头内建可自动对焦机芯，并且将云台、护罩、解码器整合的设计，用户可以在全景实时监控的同时迅速对某一点进行定位放大。另外全景球机还运用了前沿的分析和跟踪技术，可对非法入侵或可疑行为发出警报或者自动跟踪，从而实现了更智能、更安全的安保作用。

商汤科技在视觉感知、人工智能算法方面有较深的研究和应用，该公司的SenseDrive高级辅助驾驶系统就是基于以上技术开发，在汽车行驶过程中可以实现各种预警功能，给驾驶员提示和辅助决策，进而提高车内人员的安全系数。

杭州汇萃智能科技有限公司开发出了拥有自主知识产权的机器视觉算法库HCvisionLib，各项指标均达到国际先进水平，能够在多操作系统平台无缝移植。在此基础上，公司推出的机器视觉系统HCvisionSystem，具有视觉定位、几何尺寸测量、产品缺陷检测、字符识别、视觉跟踪等功能，用户可通过该视觉系统进行快速、有效的二次开发。该系统广泛应用于电子制造、汽车制造、工业机器人、智能交通、食品、生物、医疗等领域，能够极大地提升产线自动化程度以及生产与检测的效率。

从国内外机器视觉的研究现状和应用情况来看，机器视觉发展早期，主要集中在欧美和日本；直到21世纪初期，中国经济开始腾飞，世界的制造业慢慢转移到中国，机器视觉也随之在中国发展起来，并且成为全球重要的目标市场。工业是目前机器视觉应用占比最大的领域，在工业机器人视觉下游应用中，又以消费电子制造和汽车制造为主，其次是制药、食品与包装、印刷等。

第三节　机器视觉与计算机视觉

机器视觉又常称计算机视觉（computer vision，CV），这门学科的发生与发展已有几十年的历史，它是一门研究通过图像或视频数据观察周围世界的学科，主要以摄像机拍摄的图像或视频为原始数据，提取出在图像或视频中能观察到的事物。这个学科要解决的问题，与人类通过眼睛观察世界的视觉感知功能十分相似。

在很多的讨论中，"计算机视觉"和"机器视觉"两个术语是不加以区分的，在很多文献中也是如此，但其实这两个术语是既有区别又有联系的。根据维基百科对二者的解释："'机器视觉'一词的定义各不相同，但都包括用于自动从图像中提取信息的技术和方法。""计算机视觉是指从一张图像或一系列图像中自动提取、分析和理解有用信息。它涉及理论和算法基础的发展，以实现自动视觉理解。"

对于机器视觉来说，它与图像处理不同的是，其图像处理的输出是另一幅图像。机器视觉属于人工智能的重要分支，获取的信息可以是简单的好部分/坏部分信号，也可以是一组复杂的数据，比如图像中每个对象的ID、位置和方向。该信息可用于工业上的自动检测、机器人和过程制导、安全监控和车辆制导等应用。这一领域包括大量的技术、软件和硬件产品、综合系统、行动、方法和专门知识。在工业自动化应用中，"机器视觉"实际上是这些功能的唯一术语。

而对于计算机视觉来说，它是一个"学术研究领域"，研究如何使计算机从数字图像或视频中获得高层次的理解。从工程学的角度来看，计算机视觉试图将人类视觉系统能够完成的任务自动化。

计算机视觉扩展到与机器人和人类视觉的机器表示相关主题。机器视觉是指在工厂、装配厂和其他工业环境中使用的自动化成像"系统"。机器视觉系统是一种基于数字图像分析做出决策的计算机。正如在装配线上工作的检验人员通过目视检查零件来判断工艺质量一样，机器视觉系统也使用数码相机和图像处理软件进行类似的检查。

如果我们把机器视觉看作一个系统的主体，那么计算机视觉就是视网膜、视神经、大脑和中枢神经系统。机器视觉系统使用摄像机来查看图像，然后计算机视觉算法对图像进行处理和解释，然后指示系统中的其他组件对这些数据采取行动。

计算机视觉可以单独使用，而不需要成为大型机器系统的一部分。但是一个机器视觉系统如果没有计算机和其核心的特定软件是无法工作的。这远远超出了图像处理。在计算机视觉术语中，图像甚至不必是照片或视频；它可能是来自热或红外传感器、运动探测器或其他来源的"图像"。

因此，结合机器视觉与计算机视觉相关说明及讨论，有如下两点结论：

（1）计算机视觉涉及被用于许多领域自动化图像分析的核心技术。机器视觉通常指的是结合自动图像分析与其他方法和技术，以提供自动检测和机器人指导在工业应用中的一个过程。

（2）计算机视觉为机器视觉提供理论和算法基础，机器视觉是计算机视觉的工程实现。

第四节 机器视觉的应用发展趋势

机器视觉技术不断发展，其在工业、农业、交通等的发展趋势如下：

1. 机器视觉技术在工业中的发展趋势

机器视觉技术的优点：可以利用机器进行非接触测量，可以利用机器实现在人无法工作和到达的区域完成对目标物的检测；机器比人眼对光更加敏感，可检测人眼看不见的红外及微弱光检测测量，解决了人眼的缺陷，扩大了人眼的视觉范围；机器不会产生疲劳，可以长时间地稳定工作，机器视觉可以进行长时间工作、分析、处理与操纵；利用了机器视觉解决方案，可以节省大量劳动力资源，有效降低企业生产成本，为现代化工业生产带来可观收益。

现在科技技术发展较迅速，机器视觉技术的应用也相对成熟，但是还是存在诸多问题。例如，当工业生产车间现场的噪声很大时，机器视觉系统往往会受到干扰，会造成设备灵敏度的降低或设备的损坏；另外工业生产现场有的处于高温，有的处于低温，这就要求机器设备要有一定的抗干扰能力和稳定性；图像的采集有时还会受光照强度的影响，当光线昏暗时，就会影响目标物图像的提取、识别及分析，进而有可能造成生产产品次品率上升，影响生产的精度及效率。如何解决这些问题并提高机器性能，进行有效的图像识别，使机器视觉技术在工业智能化生产中得到高效的利用，是当下研究的关键。

（1）研发出高效率的图像处理软件和硬件。图像采集部分的快慢主要依赖于硬件的速度，高质量的硬件可有效减轻主机的负担，提高系统对图像的分辨效率、采集效率、图像处理的速度及处理分析效率。高质量的软件也尤为重要，质量高的软件可以让机器的命令执行速度更加高速有效。

（2）开发适用性强、高效、稳定、实时的智能算法。智能、高效、稳定的智能算法可有效提高系统的分析处理速度，并且改善复杂环境下系统抗干扰能力较差的缺点，使系统有较强的即时性、鲁棒性、稳定性、抗干扰性以及环境适应性。

2. 在医学领域的应用发展趋势

随着对药品以及医疗器械安全性要求的逐渐提升，许多生产厂家将机器视觉技术引进到实际生产中来，有效地提升生产效率，起到保障产品质量的目的。在医学领域主要运用在医学疾病的诊断方面，如增强X射线成像的清晰度与准确性，CT、MRI的标记与渲染处理等，通过数字图像处理技术、信息融合技术等对核磁共振图像、透视图等进行叠加，最终得出准确的综合诊断，专家会结合三维信息以及运动参数对结果进行详细解释。另外，机器视觉技术可以应用在药用玻璃瓶的缺陷检测、药剂杂质的检测以及对药品外包装泄漏的检测等，能够充分保障药物的质量安全。

3. 在交通领域的应用发展趋势

随着计算机技术的不断普及，机器视觉技术在交通领域发挥很大作用，包括视频检测系统、安全保障系统、车牌识别系统等。在视频检测时，主要运用图像处理技术与计算机视觉技术，通过对图像的分析来对车辆、行人等交通目标的运动进行识别与跟踪。通过识别系统对交通行为进行理解与分析，从而完成各种交通数据的采集、交通事件的检测等。参数检测系统具有智能化与网络化的特点，能够实现远程监控。机器视觉技术在车辆安全保障方面的应用主要作用于路径识别、障碍物识别、驾驶员状态监测等。另外，车牌识别技术是实现交通管理智能化的重要环节，通过多种计算方法的全面融合，有效提高车牌识别的准确性。

4. 在农业领域的应用发展趋势

在农业领域，机器视觉技术主要运用在农业植物种类识别、产品品质检测与分级等方面。在农业生产前，对种子质量进行检测；生产中对植物生长信息、田间杂草进行识别、病虫害检测等；收获时主要体现在机器人的研制与开发。通过机器视觉技术

能够实现农药的精量喷洒，确定农作物与机械的相对位置，对作业机械进行控制，有效提升农业生产的自动化与机械化水平，解放劳动力。随着相关技术成熟与稳定，许多问题可以得到很好解决，机器视觉技术在农业生产中的应用会促进农业快速现代化的进程。

第二篇

机器视觉系统认知

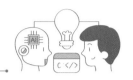

任务1　机器视觉的系统构成及搭建

由于机器视觉所具有的高效率和高精度优势，以及现代工厂对产品质量记录及可追溯性的需求，机器视觉的发展已经成为一个必然趋势，是人工智能产业中不可或缺的重要一环。本任务将介绍机器视觉系统的构成，分为五个步骤，逐步搭建一个可以获取清晰图像的机器视觉系统，并介绍机器视觉系统中相机与镜头的相关知识。

一、任务背景

随着经济水平和科学技术的不断提高，在工业制造的各行各业中逐渐使用机器视觉技术取代人工，提高生产效率并保证产品质量。例如，在物流行业，可以使用机器视觉技术进行快递分拣分类，在减少人工劳动的同时，降低物品的损坏率，提高分拣效率。随着机器视觉在智能制造行业的不断应用，技术上也逐渐走向成熟。

学习并认识机器视觉系统的构成，利用机器视觉相关组件，搭建机器视觉系统，并使用HCvisionQuick机器视觉软件采集清晰图像。

二、能力目标

（1）理解机器视觉组件在系统中的作用。

（2）掌握获取清晰图像的方法。

（3）掌握机器视觉的处理流程。

三、知识准备

常见机器视觉系统主要分为两类：一类是基于计算机的，如视觉处理器或PC；另一类是更加紧凑的嵌入式设备。典型的基于视觉处理器的机器视觉系统主要包括：光源、工业镜头、工业相机和视觉处理器，如图3-1与图3-2所示。

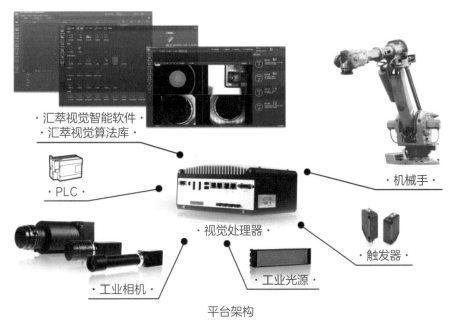

图3-1　机器视觉系统构成

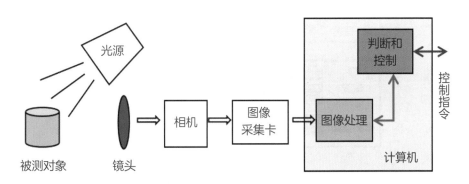

图3-2　机器视觉系统构成示意图

光源为机器视觉系统提供稳定可靠的照明环境，并使相机成像尽可能地突出检测对象中感兴趣区域的关键特征。它是影响机器视觉系统输入的重要因素，关系到输入数据的质量和应用效果。在工业应用中一般采用LED光源，如图3-3所示。

图3-3　光源

　　光学镜头能对光线进行聚焦，使得图像传感器感知有效信息。工业应用中主要使用定焦镜头和远心镜头。镜头如图3-4所示。

　　工业相机主要实现图像信息获取、数字处理和传输。像素分辨率和帧率（数据传输速率）是工业相机选型的关键，相机的选型决定着镜头的选型。相机如图3-5所示。

图3-4　镜头

图3-5　相机

　　视觉处理器是机器视觉系统的控制中心，它通过光源接口调节视觉光源的亮度，通过网口接收工业相机传输过来的图像数据，通过内置的图像处理软件进行数据分析，然后将判定结果或数据通过I/O接口、串行接口或网口传输至控制机构，由控制机构对检测对象做进一步处理。如图3-6所示。

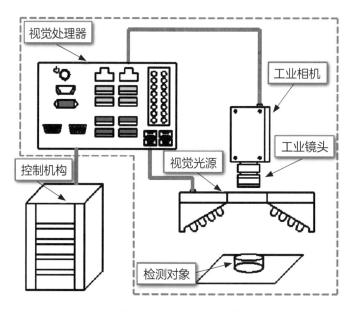

图3-6　机器视觉硬件系统

　　汇萃视觉处理器有多个系列，这里介绍一下AQL系列。AQL系列视觉处理器上的各种接口如图3-7所示，包括电源输入接口、USB接口、网口、I/O接口、光源外部触发接口、光源接口、视频显示接口、串行通信接口。

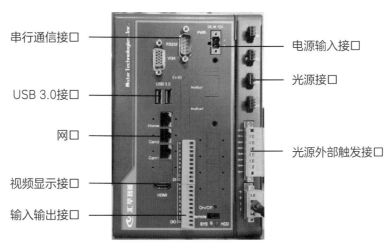

串行通信接口

USB 3.0接口

网口

视频显示接口

输入输出接口

电源输入接口

光源接口

光源外部触发接口

图3-7　AQL系列视觉处理器接口

四、任务实操：搭建机器视觉系统

1. 活动内容

使用相机、镜头、光源、视觉处理器等机器视觉系统组件，搭建一套机器视觉系统，并通过调节硬件设备获取清晰的图像，如图3-8所示。

图3-8　机器视觉系统搭建完成示意图

2. 活动流程

活动流程如图3-9所示。

连接相机、镜头与光源 → 打开软件并新建工程 → 在视觉软件中打开相机与光源 → 调节镜头获取清晰图像

图3-9　搭建机器视觉系统活动流程

3. 操作步骤

准备好机器视觉系统基础组成部分：视觉处理器、相机、六芯线、网线、镜头、光源、光源延长线和支架，如图3-10所示。

图3-10 机器视觉系统硬件部分

（1）连接相机、镜头与光源。

取下相机盖与镜头盖，通过螺纹接口连接相机与镜头，连接好后固定于支架上合适高度处，如图3-11（a）所示。将带螺丝一端的网线连接到相机上并拧紧螺丝固定，网线另一端连接到视觉处理器上相机1接口处，如图3-11（b）、（c）所示。

|（a）|（b）|（c）|

图3-11 相机与镜头的连接

将六芯线与相机相连接，并插上电源，如图3-12（a）所示。将光源置于镜头下方合适位置处，并利用支架固定，将光源线连接到视觉处理器上光源1接口处，如图3-12（b）、（c）所示。

（a）

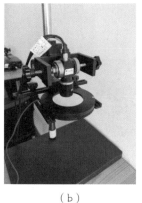
（b）

（c）

图3-12 光源的连接

（2）打开软件并新建工程。

接通视觉处理器电源，打开HCvisionQuick机器视觉软件，软件图标如图3-13所示，软件打开后界面如图3-14所示。

图3-13 HCvisionQuick
机器视觉软件图标

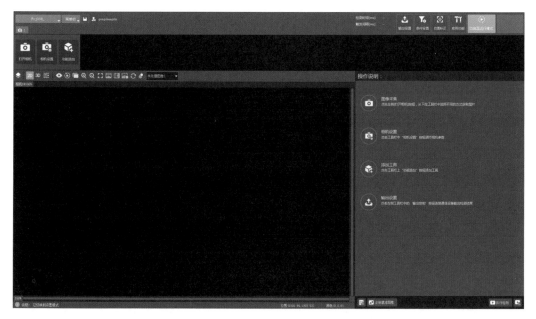

图3-14 HCvisionQuick机器视觉软件界面

如图3-15所示，点击软件左上角"Prj000_"按钮，选择"新追加"新建一个工程。

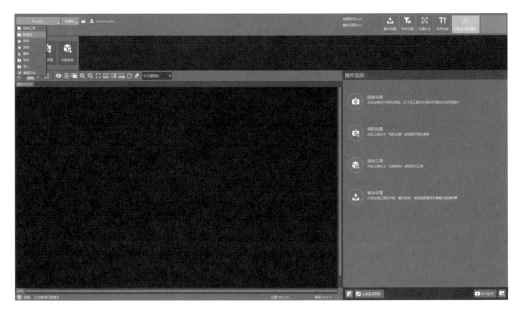

图3-15　新追加

点击后界面如图3-16所示，工程名称有固定的格式，如"Prj000_"，"Prj"是工程标头，"000"是工程编号，默认从"000"到"999"，"_"后可自行给工程命名。

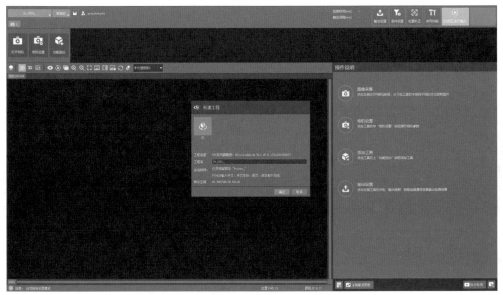

图3-16　新建工程

命名完成后点击"确定",界面如图3-17所示,选择"是",保存当前工程,界面如图3-18所示,选择"是",完成工程的新追加,如图3-19所示。

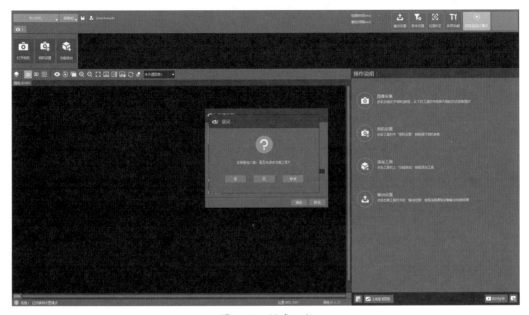

图3-17 保存工程

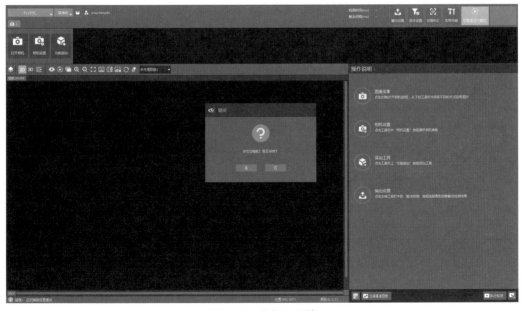

图3-18 空相机保持

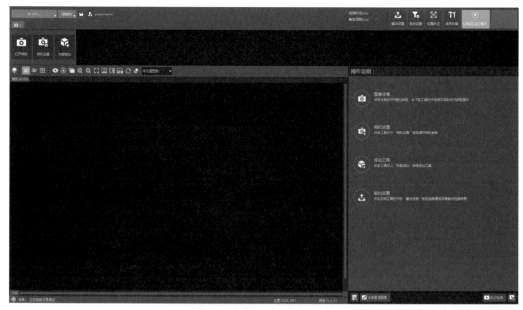

图3-19　新工程

（3）在视觉软件中打开相机与光源。

点击软件左上方的"打开相机"，按钮如图3-20所示，点击按钮后界面如图3-21所示。相机类型中的"HCCAM"是由汇萃自主开发的相机驱动，可兼容各种常见品牌的相机，且能同时兼容多种品牌、多种类型的相机。相机类型选择"HCCAM"，点击"确定"。

图3-20　打开相机

图3-21　相机类型

如图3-22所示，在相机栏会显示所连接相机的IP地址与相机型号，点击"确定"后界面如图3-23所示。若相机栏显示"无"，则点击"重置相机类型"，并重复"打开相机"之后的步骤。

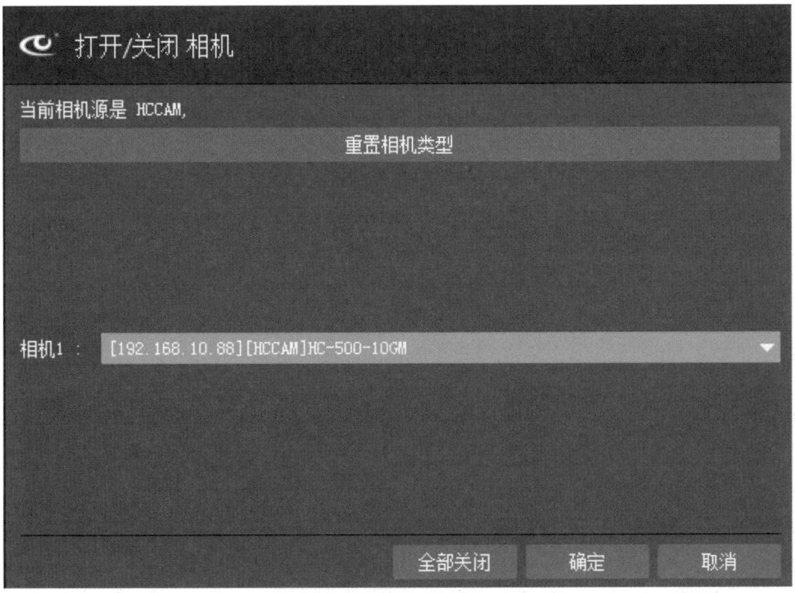

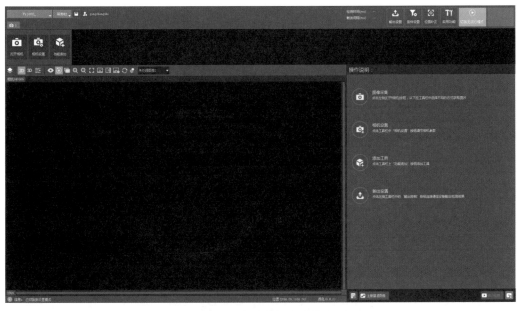

图3-22　打开/关闭相机

图3-23　打开相机后的界面

点击界面左上方"相机设置"，按钮如图3-24所示，点击
后界面如图3-25所示。

图3-24 相机设置

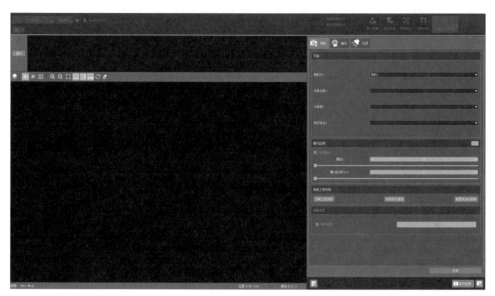

图3-25 "相机设置"界面

选择"光源"界面，点击光源1图标后，拖动右侧的亮度条调节光源亮度，如图
3-26所示，完成后点击右下方的"关闭"。

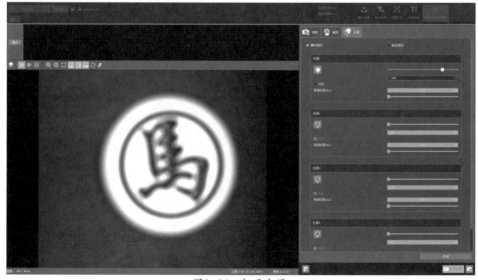

图3-26 打开光源

（4）调节镜头获取清晰图像

如图3-27所示，转动镜头上方的光圈环，调节至图像亮度合适。再转动镜头下方的对焦环，调节至图像清晰，如图3-28所示。

图3-27　调节镜头

图3-28　获取清晰图像

4. 能力提升

如图3-29所示，更换不同焦距的镜头，观察视野的变化。重新调节镜头的光圈环与对焦环，使成像再次明亮、清晰，如图3-30所示。若转动对焦环无法使成像清晰，可在支架上调整镜头到物体的距离。

图3-29　更换镜头

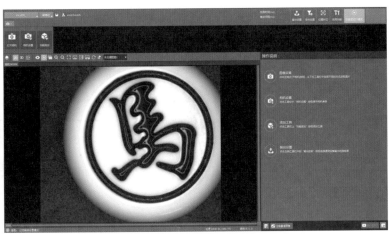

图3-30　调节镜头使成像清晰

五、相关知识与技能

在机器视觉系统中，相机与镜头是其硬件部分中的重要组成部分，决定了拍摄图像的视场、精度及成像质量。

1. 相机介绍

相机根据传感器技术的差异可分为CCD和CMOS两种。CCD（Charge-Coupled Device）是指电荷耦合元件，是一种用电荷量表示信号大小，用耦合方式传输信号的探测元件。CMOS（Complementary Metal-oxide Semiconductor）即互补金属氧化物半导体，其工作原理是外界光照射到像素阵列后发生光电效应，在像素单元内产生相应的电荷，进而转换成数字图像输出。

本书以CCD为例对相机基础原理进行简要说明。

CCD是一种将光信号转换为电信号的半导体元件，其长宽各约为10 mm，由类似棋盘的格状排列的小像素（Pixel）组成，如图3-31所示。每个像素都是一个可以检测光强度的传感器（光电二极管），所谓200万像素CCD就是一个由200万个光电二极管构成的集合体。

用相机拍摄时，拍摄对象发出的光透过镜头在CCD上成像。光到达CCD的某个像素时，将根据光的强度产生相应的电荷。将该

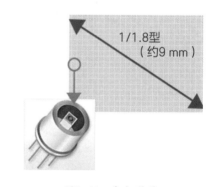

图3-31　相机芯片

电荷的大小读取为电信号，即可获得各像素上光的强度（浓度值）。

相机的一些重要参数如下：

（1）相机接口。

工业相机的接口分为镜头接口和数据接口。镜头接口是相机连接镜头的机械接口，而数据接口是连接数据线的电气接口。其中，数据接口分为Camera Link、IEEE 1394（火线）、USB 2.0/3.0、Gigabit Ethernet千兆以太网、CoaXPress等类型。常用的网口相机接口如图3-32所示。

图3-32　相机接口

（2）像元。

像元也称像素点或像元点，即影像单元（picture element），是组成数字化影像的最小单元。像元尺寸是相机芯片上每个像元的实际物理尺寸。

（3）分辨率。

相机的分辨率是指相机芯片上的像元数目，是衡量相机的最重要指标。它是由相机芯片上的像元数目所决定的，一个像元就对应一个像素。因此分辨率越大，意味着像元数目越多，相机拍摄得到的图像质量越好，相应的成本也越大。

（4）芯片尺寸。

CCD和CMOS有多种芯片尺寸，常以英寸表示芯片靶面的对角尺寸。这种表示方式延续了电视机使用摄像管时的分类方式。这一尺寸是摄像管的外接圆直径大小，摄像管有效的像平面大约是这一尺寸的2/3，因此传感器对角线的尺寸大约是传感器标称尺寸的2/3，即1英寸表示16 mm。实际芯片尺寸也可以通过以下公式计算获得：

$$芯片尺寸=像元尺寸 \times 分辨率 \tag{3-1}$$

（5）帧率。

帧率（frame rate）指相机每秒钟采集多少幅图像，单位为帧/秒（FPS）。一般分辨率越大的相机帧率越低，曝光时间越长的相机帧率也越低。

（6）精度。

相机理论精度计算公式如下：

$$相机理论精度=单方向视野范围大小 \div 相机单方向分辨率 \tag{3-2}$$

（7）曝光时间。

相机曝光时间是指从快门打开到关闭的时间间隔，在这段时间内，物体可以在底片上留下影像。曝光时间视照相感光材料的感光度和感光面上的照度而定。曝光时间长，采集到的光信息就多，适合光线条件比较差的情况。

（8）触发方式。

工业相机触发方式分为内触发和外触发，外触发又分为硬件外触发和软件外触发。内触发功能是通过相机内部控制，每间隔一段时间自动拍照。硬件外触发是指在实际生产应用中用传感器和相机外触发配合，当产品经过传感器时，传感器给相机一

个触发信号；软件外触发是指通过网线、串口给视觉处理器信号，然后再通过软件控制相机触发。

2. 镜头介绍

镜头由多个镜片和光圈、调焦装置组成，可以根据画面进行光圈调整和调焦，得到明亮、清晰的图像。选择镜头时，视野、焦距、失真等都是需要考虑的因素。

镜头的成像原理可以简化为凸透镜成像原理，凸透镜的成像原理及其应用如表3-1所示。

表3-1　凸透镜成像原理及其应用

物距u	像的性质					应用
	正/倒	大/小	虚/实	位置	像距v	
$u>2f$	倒立	缩小	实像	异侧	$f<v<2f$	照相机
$u=2f$	倒立	等大	实像	异侧	$v=2f$	—
$f<u<2f$	倒立	放大	实像	异侧	$v>2f$	投影仪
$u=f$	不成像，得到一束平行光					
$u<f$	正立	放大	虚像	同侧	$v>u$	放大镜

由上表可知，相机拍摄时，镜头与物体之间的距离需要大于2倍焦距，此时镜头所成的像为倒立、缩小的实像，成像位置落在相机的靶面上。

镜头的一些重要参数如下：

（1）视场。

视场（field of view），也称视野，是指镜头能观测到的实际范围的物理尺寸。在一般应用中，镜头的视场大小和相机的分辨率，决定了视觉系统所能达到的检测精度。

（2）焦距。

焦距（focal length）是光学系统中衡量光的聚集或发散的度量方式，指平行光入射时从透镜中心到光聚集之焦点的距离。在相机中，焦距指从镜片光学中心到CCD或CMOS等成像平面的距离，一般常用的镜头焦距为4 mm、6 mm、8 mm、12 mm、16 mm、25 mm、35 mm、50 mm、75 mm。

焦距是镜头的重要性能指标，焦距的长短决定了拍摄的工作距离、成像大小、视场大小、景深大小。在确定镜头焦距前必须先确定视野、工作距离、相机芯片尺寸等因素，并可通过以下公式来计算：

$$视野/芯片尺寸=工作距离/焦距 \tag{3-3}$$

根据拍摄时所需要的视野及焦距，也可以计算出焦点对准的位置（WD，即工作距离），如图3-33所示。

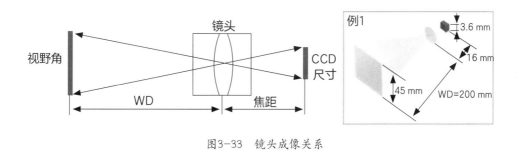

图3-33　镜头成像关系

（3）光圈。

对于已经制造好的镜头，镜头的直径不能随意改变，但是可以通过在镜头内部加入多边形或者圆形，并且面积可变的孔状光栅来控制镜头通光量，这种通常安装在镜头内，用来控制通过镜头进入机身内感光面光量的装置，就是光圈（aperture），如图3-34所示。

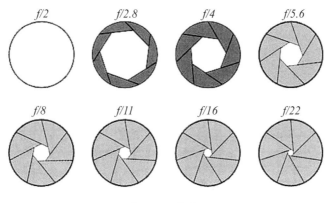

图3-34　光圈

（4）景深。

景深（depth of field）是指在镜头垂直方向上能清晰成像的物方空间深度。当相机的镜头对着某一物体聚焦清晰时，在垂直镜头轴线的同一平面的点都可以形成相当清晰的图像，把这个平面沿着镜头轴线向前和向后移动一定范围也可以形成较清晰的图像，这段可以清晰成像的物方空间前后距离即景深。不同景深的成像差异如图3-35所示，从左至右景深逐渐增大。

图3-35　不同景深的对比

（5）畸变。

畸变（distortion）是指光学系统对物体所成的像相对于物体本身而言的失真程度。通常来说畸变分为桶形畸变和枕形畸变两种，如图3-36所示。桶形畸变（barrel distortion）又称桶形失真，是指光学系统引起的成像画面呈桶形膨胀的现象，在摄影镜头成像尤其是广角镜头成像时较为常见。枕形畸变（pincushion distortion）又称枕形失真，是指光学系统引起的成像画面向中间"收缩"的现象，在长焦镜头成像时较为常见。

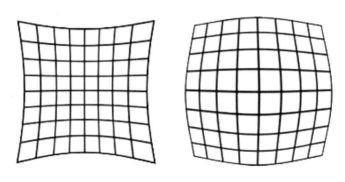

图3-36　镜头畸变

光学畸变只影响成像的几何形状，而不影响成像的清晰度。通常情况，拍摄的视场越大，所用镜头的焦距越短，其畸变越大。

（6）镜头接口。

镜头接口是用来与相机相连接的机械接口，接口类型分为C口、CS口、F口、K口、V口等。

C口和CS口的区别在于镜头距相机靶面的距离不同，即法兰距不同，C口为17.5 mm，CS口为12.5 mm，如图3-37所示。C口镜头可与C口相机匹配，CS口镜头可与CS口相机匹配。若想连接C口镜头与CS口相机，则需加一个5 mm接圈，否则会碰到相机靶面而造成损坏。而CS口镜头不能与C口相机匹配。

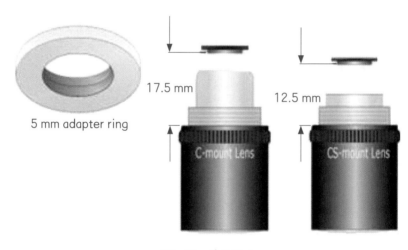

图3-37　镜头接口

六、思考与练习

（1）机器视觉系统的组成不包括（　　　）。

A．镜头　　　　　B．视觉处理器　　　　C．被测物体　　　　D．光源

（2）机器视觉系统中镜头的作用是（　　　）。

A．光学成像　　　B．提供照明　　　　　C．采集图像　　　　D．转化为数字图像

（3）机器视觉系统中保证拍摄环境稳定的组件是（　　　）。

A．镜头　　　　　B．视觉处理机　　　　C．相机　　　　　　D．光源

（4）已知一相机的像元尺寸为4.8 μm，分辨率为1920×1200，那么该相机芯片的长边长度为（　　）。

A. 9 216 mm　　　　B. 9.216 mm　　　　C. 5 760 mm　　　　D. 5.760 mm

（5）镜头接口类型不包括（　　）。

A. C口　　　　B. CS口　　　　C. S口　　　　D. F口

参考答案：（1）C　　（2）A　　（3）D　　（4）B　　（5）C

任务2　机器视觉硬件的选择及效果

　　光源是机器视觉系统中最重要的组件之一，光源的选择是否合理，直接影响输入图像数据的质量与应用效果。本任务将介绍不同类型光源的特点及适用对象，搭建机器视觉系统对各类型光源进行试验，并介绍光源的相关知识。

 一、任务背景

　　机器视觉中光源的作用是显现被测物体的重要特征，同时抑制不需要的特征。合理有效的照明可以获得高质量的图像，降低后期图像处理算法的难度，提高结果的精度和可靠性，从而提高机器视觉系统的稳定性。

　　本任务将搭建机器视觉系统，使用HCvisionQuick机器视觉软件采集图像，选用不同类型的光源对被测物体进行照明，比较各光源照明的效果与特点，分析不同类型光源的适用对象。

二、能力目标

　　（1）认识各类型的光源。

　　（2）掌握各类型光源的特点。

　　（3）掌握组合光源的应用。

 三、知识准备

　　LED光源因其响应速度快、使用寿命长、耗能低、亮度高等优势，被广泛应用于机器视觉系统中。LED光源按其形状可分为环形光源、条形光源、底部背光源、球积分光源、同轴光源；按其发光波段可分为红外光源、可见光光源、紫外光源。

　　1. 环形光源

　　环形光源，如图4-1所示，其LED阵列呈圆锥状排列。光线按照一定倾角照射被测

物体表面，通过被测物体的表面特征对光线进行反射，从而得到高对比度图像，如图4-2所示。环形光源主要应用于边缘检测、表面缺陷检测等。

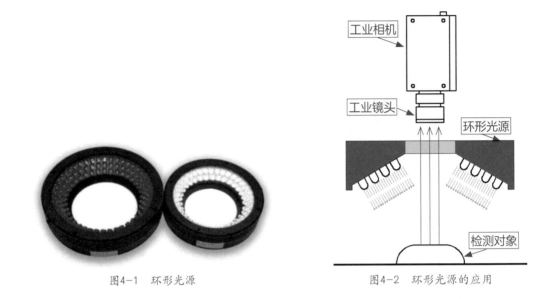

图4-1　环形光源

图4-2　环形光源的应用

环形光源可以根据不同大小、颜色和角度进行区分。光源大小由光源直径（或发光面直径）表示，单位为mm。光源颜色由颜色的英文首字母表示，如白色光源表示为W，红色光源表示为R。

环形光源的光照角度单位为度，光线与水平面的角度大于等于45°的称为高角度环光；光线与水平面的夹角小于45°的称为低角度环光。高角度环光多适用于检测外轮廓，低角度环光多适用于检测工件表面的划痕或表面凹凸不明显的字符，如图4-3所示。

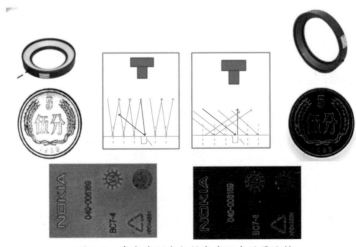

图4-3　高角度环光与低角度环光效果比较

另外还有一些没有标明角度的环形光源，称为环形无影光源或环形漫射光源，如图4-4所示。这种光源由两个参数组成，即光源直径（或发光面直径）和光源颜色。环形无影光源发出的光比一般的环形光源更加均匀，适合反光比较强的物体。

图4-4　环形无影光源

2. 条形光源

条形光源由LED阵列组成，如图4-5所示，可根据需要定制不同的长度和宽度。多个条形光源可自由组合，照射角度也可任意调整，具有很强的灵活性，广泛应用于各种检测场景。

条形光源除光源颜色外，一般还有两个参数，即光源长边的长度（或发光面长度）和光源短边的长度（或灯珠的个数），单位都为mm。

图4-5　条形光源

3. 底部背光源

底部背光源是置于被测物体底部的光源，如图4-6所示，常用于检测透明物体的划痕、污点或工件的外轮廓等。使用底部背光源时，被测物体置于镜头与背光源之间，如图4-7所示。底部背光源除光源颜色外，一般还有两个参数，即光源长边的长度（或发光面长度）和光源短边的长度（或发光面长度），单位都为mm。

图4-6　底部背光源

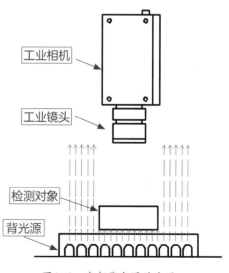

工业相机

工业镜头

检测对象

背光源

图4-7　底部背光源的应用

相比于前向照明获取的图像易受阴影干扰，背向照明获取的图像中，工件的边缘轮廓清晰，对比明显，检测精度更高，如图4-8所示。

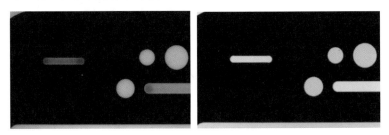

图4-8　前向照明与背向照明比较

底部背光源还有一类变种，称为开孔背光源，即在光源中心处开一个孔，如图4-9所示，相机可以通过该孔拍摄图像。因此，开孔背光源置于被测物体正上方处照明。

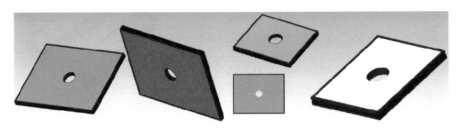

图4-9　开孔背光源

4. 球积分光源

球积分光源，也称碗光源或穹顶光源，如图4-10所示。其LED灯珠发出的光直接照射到碗状物内表面，经内表面高反射率涂层进行漫反射后，光线均匀地照射到被检测物体表面，如图4-11所示。球积分光源的参数由光源颜色与光源的直径长度（或发光面直径长度）组成，长度单位为mm。

图4-10　球积分光源

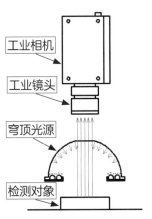

图4-11　球积分光源的应用

此类漫射光源先把光投射到粗糙的反射表面上，产生无方向且柔和的光，接着再投射到被测物体上，故其光线的均匀性很好。对于表面平整光洁的高反射物体，直接照明方式易产生强反光。漫射照明方式适合高反射物体和表面粗糙不平整的物体，如金属、玻璃等反射较强物体的表面检测。

5．同轴光源

同轴光源如图4-12所示，其发光面位于侧面，发出的光线经半透半反镜（分束镜）成为与镜头同轴的光线，从而获得更均匀、更明亮的照明，如图4-13所示。同轴光源参数由光源颜色和光源的长度（或发光面的长度）两个参数组成，长度单位为mm。

图4-12　同轴光源

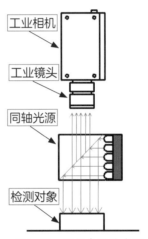

图4-13　同轴光源的应用

因其光束经分束镜照射到工件，亮度均匀，能够凸显物体表面的不平整，克服表面反光造成的干扰，故同轴光源适用于反光强的工件表面的字符检测，或平整光滑表面的碰痕、划痕、裂纹和异物检测等。

 四、任务实操：选择机器视觉硬件

1．活动内容

搭建一套机器视觉系统，如图4-14所示，换用不同的光源进行照明，比较不同光源的照明效果，并尝试使用光源组合进行照明。

图4-14　机器视觉系统

2. 活动流程

活动流程如图4-15所示。

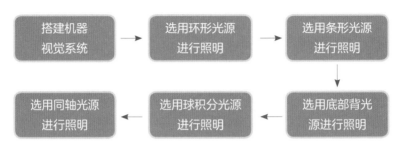

图4-15　选择机器视觉硬件活动流程

3. 操作步骤

（1）搭建机器视觉系统。

搭建机器视觉系统，并在软件中打开相机。

（2）选用环形光源进行照明。

将环形光源连接到视觉处理器上，如图4-16
所示。在软件中打开光源并调节到合适亮度，调
节镜头光圈并对焦，使获取的图像清晰，如图
4-17所示。

图4-16　环形光源

图4-17　环形光源照明时的成像

（3）选用条形光源进行照明。

将光源更换为条形光源，如图4-18所示。在软件中打开光源并调节到合适亮度，调节镜头光圈并对焦，使获取的图像清晰，如图4-19所示。

图4-18　条形光源

图4-19　条形光源照明时的成像

（4）选用底部背光源进行照明。

将光源更换为底部背光源，将被测物体置于光源上方，如图4-20所示。由于使用底部背光源照明象棋时，其边缘存在阴影渐变且缺少细节，故此步骤更换成更为合适的样品。在软件中打开光源并调节到合适亮度，调节镜头光圈并对焦，使获取的图像清晰，如图4-21所示。

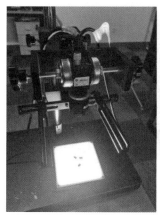

图4-20　底部背光源

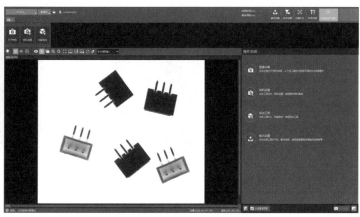

图4-21　底部背光源照明时的成像

（5）选用球积分光源进行照明。

将光源更换为球积分光源，如图4-22所示。在软件中打开光源并调节到合适亮度，调节镜头光圈并对焦，使获取的图像清晰，如图4-23所示。

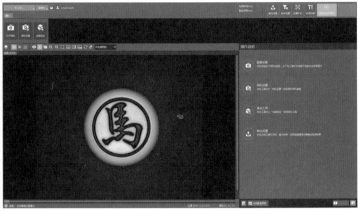

图4-22　球积分光源　　　　　　　　图4-23　球积分光源照明时的成像

（6）选用同轴光源进行照明。

将光源更换为同轴光源，如图4-24所示。在软件中打开光源并调节到合适亮度，调节镜头光圈并对焦，使获取的图像清晰，如图4-25所示。

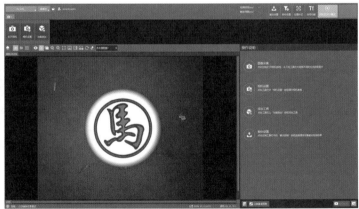

图4-24　同轴光源　　　　　　　　　图4-25　同轴光源照明时的成像

4. 能力提升

在使用球积分光源对高反射物体进行照明时，观察发现获取的图像中心处有一圆形阴影，如图4-26所示。这是因为球积分光源中间圆孔区域供镜头与相机透过拍摄图像，而不反射光线，故在成像中心处出现圆形阴影。

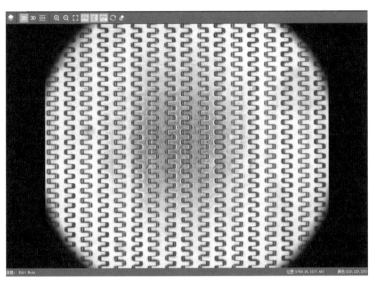

图4-26　球积分光源照明时中心处阴影

　　为消除图像中心阴影，可在球积分光源上方放置一个同轴光源，如图4-27所示。在软件中调节其亮度，使两个光源的亮度一致，即可消除图像中较暗的圆形区域，如图4-28所示。

图4-27　球积分光源与同轴
　　　　　光源组合

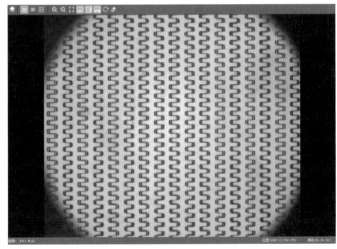

图4-28　使用组合光源照明效果

在机器视觉系统的实际应用中，一种光源往往不能达到理想的效果，所以经常会使用两种及以上光源进行组合。当有些工件需要检测多个项目时，在一种光源不能兼容两个项目的情况下，可以使用两种及以上光源进行组合，通过分别控制光源亮光来实现。

五、相关知识与技能

光是一定波长范围内的电磁辐射。人眼可见波长范围为380～780 nm的光，称为可见光（visible light）。波长比可见光长的光称为红外光（infrared），比可见光短的光称为紫外光（ultraviolet），如图4-29所示。

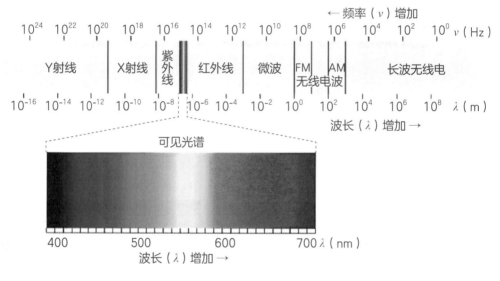

图4-29　电磁波谱

1. 光的颜色

人眼的视觉只能分辨颜色的三种变化：明度、色调、彩度（或饱和度）。这三种特性可以统称为颜色的三属性。明度是指人眼对物体的明暗感觉。色调是指彩色彼此相互区分的特性，可见光谱中不同频率的辐射在视觉上表现为各种色调，如红、橙、黄、绿、青、蓝、紫等。彩度表示物体颜色的浓淡程度或颜色的纯度。

在可见光波段，红、绿、蓝三色光按不同的比例混合，能产生任何一种其他颜色的光，因此称红、绿、蓝为三基色，以此可建立起RGB色彩模式，如图4-30所示。颜色的主要合成关系如表4-1所示。如果两种颜色含有完全相同的基色成分，则称这两种颜色为相同色；如果两种颜色的组合成分有差异但差异不大，则称这两种颜色为相近色；如果两种颜色没有任何共同成分，则称这两种颜色为对比色；如果两种颜色以适当比例混合生成白色，则称这两种颜色为互补色。

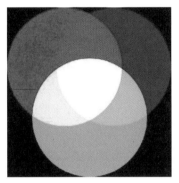

图4-30　颜色的生成与互补

表4-1　颜色的生成与互补

配合色	生成色	互补色
红+绿	黄	蓝
红+蓝	紫	绿
绿+蓝	青	红

为了方便应用，将可见光波段的颜色依顺序围成一个圆环，首尾相接，使红色连接到另一端的紫色，便得到一个圆环，称为色环，如图4-31所示。色环中距离较近的颜色为相近色或相邻色，距离较远的颜色为对比色，关于圆环中心对称的颜色为互补色。

在选择光源颜色时，使用与被测物本身颜色相近或相同的光源颜色照明，获取的图像中被测物的亮度相对较高；反之，使用被测物颜色的对比色或互补色照明，获取的图像中被测物的亮度相对较低，显得较暗。在实际应用中，通过选择合适的光源颜色可以过滤某些背景的干扰，也可以加强图像的对比度。

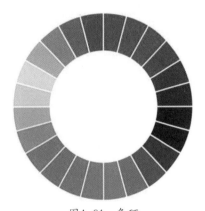

图4-31　色环

2. 光源分类

光源是指能发出一定波长范围电磁波（包括可见光与紫外线、红外线、X射线等不可见光）的物体，可以分为自然光源（天然光源）和人造光源。其中，人造光源有白炽灯、卤素灯、氙灯、荧光灯、LED灯等。

白炽灯是最传统的钨丝灯，其优点是光谱连续、显色指数高，缺点是能效低、寿命短，如图4-32所示；卤素灯是白炽灯的改进，优点是光谱连续且接近自然光、显色指数高、频闪小，缺点是热效应明显、响应速度慢，如图4-33所示；氙灯的优点是亮度高、色温与日光接近，缺点是响应速度慢、热效应明显、寿命短，如图4-34所示；荧光灯的优点是扩散性好、适合大面积均匀照射，缺点是响应速度较慢、亮度较暗，如图4-35所示；LED灯的优点是能效高、热效应小、光线稳定、成本低，缺点是光谱较窄且不连续。

图4-32　白炽灯

图4-33　卤素灯

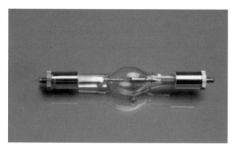

图4-34　氙灯

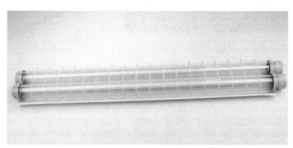

图4-35　荧光灯

3. 光源基本性能

（1）光通量。

光通量（luminous flux）指人眼所能感觉到的辐射功率，它等于单位时间内某一波段的辐射能量和该波段的相对视见率的乘积，单位为流明（lm）。由于人眼对不同波长光的相对视见率不同，因此不同波长光的辐射功率相等时，其光通量并不相等。相机与人眼的感光范围和感光能力不同，在相同光通量下，相机与人眼感受的光的强弱也有差异。

（2）发光强度。

发光强度（luminous intensity），在光度学中简称光强或光度，用于表示光源给定方向上单位立体角内光通量的物理量，国际单位为坎德拉（cd）。发光强度的定义考虑人的视觉因素和光学特点，是在人的视觉基础上建立起来的。

（3）光亮度。

光亮度（luminance）又称发光率，是指一个表面的明亮程度，用L表示，即光源在垂直其光传输方向的平面上的正投影单位表面积单位立体角内发出的光通量。也可理解为在某方向上单位投影面积的面光源沿该方向的发光强度。

（4）光照度。

光照度（illuminance），可简称照度，其计量单位的名称为勒克斯（lx），简称勒，表示被摄主体表面单位面积上受到的光通量。

（5）光出射度。

光出射度（luminous exitance）是表征光源自身性质的一个物理量。光源的光通量除以光源的面积就得到光源的光出射度值，用lm/m^{2}表示，但与照度测试和lux不同，光出射度中的面积是指光源的面积，而不是被照射的面积。

（6）色温。

色温是表示光线中包含颜色成分的一个计量单位。从理论上说，色温是指绝对黑体从绝对零度（−273℃）开始加温后所呈现的颜色。黑体在受热后，逐渐由黑变红，转黄，发白，最后发出蓝色光。当加热到一定的温度，黑体发出的光所含的光谱成分，就称为这一温度下的色温，计量单位为开尔文（K）。

4. 红外光源

红外（infrared，IR）光源能产生红外波段的辐射，其中，近红外波段的波长范围为0.78～1.4 μm。红外光源的形状与可见光光源形状无异，区别仅在于其发出的是红外波段的辐射，而不是可见光波段。在实际应用中，常利用红外光源的穿透性，消除工件表面的薄膜干扰，如图4-36所示。

图4-36　可见光与红外光源对比

5. 紫外光源

紫外（ultraviolet，UV）光源能产生紫外波段的辐射，波长范围为10～400 nm。紫

外光具有荧光效应，常用于人民币的真假检测和无影胶（UV胶）的检测，如图4-37所示。

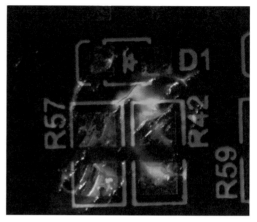

图4-37　可见光与紫外光源对比

六、思考与练习

（1）LED光源的优势不包括（　　　）。

A. 使用寿命长　　　B. 耗能低　　　　　C. 光谱连续　　　　　D. 亮度高

（2）使用最为灵活的光源是（　　　）。

A. 环形光源　　　　B. 条形光源　　　　C. 球积分光源　　　　D. 同轴光源

（3）照明最为均匀的光源是（　　　）。

A. 环形光源　　　　B. 条形光源　　　　C. 球积分光源　　　　D. 同轴光源

（4）适合检测外轮廓的光源是（　　　）。

A. 底部背光源　　　B. 环形光源　　　　C. 条形光源　　　　　D. 球积分光源

（5）红色的互补色是（　　　）。

A. 黄色　　　　　　B. 绿色　　　　　　C. 青色　　　　　　　D. 蓝色

参考答案：（1）C　　　（2）B　　　（3）D　　　（4）A　　　（5）C

任务3　机器视觉图像基础处理

图像处理（image processing）是指用计算机对图像进行分析，以达到所需结果的技术，一般指数字图像处理。数字图像是指用工业相机、摄像机、扫描仪等设备经过拍摄得到的一个大的二维数组。图像处理技术一般包括图像压缩，增强和复原，匹配、描述和识别三个部分。本任务将介绍数字图像的基本概念与数字图像处理的重要方法，并实践几个基础方法。

一、任务背景

在机器视觉系统中，通过硬件部分（相机、镜头和光源）获取目标图像后，会将图像传输至视觉处理器进行后续的图像处理。数字图像处理是从图像中抽取某些有用的度量、数据或信息，目的是得到某种数值结果，而不是产生另一幅图像。因此，数字图像处理的质量直接影响最终得到的输出数据质量。

本任务学习图像处理基本概念与原理，使用HCvisionQuick机器视觉软件的基本图像处理方法对目标图像进行处理，了解一些复杂的图像处理方法并尝试应用。

二、能力目标

（1）掌握二值图像、灰度图像基本概念。

（2）理解卷积原理，结合卷积操作理解图像滤波原理。

（3）了解图像锐化方法，掌握差分运算模板。

三、知识准备

1. 数字图像

数字图像可以用二维矩阵来表示，该矩阵包含N行和M列，其中(x, y)表示离散坐标，$f(n, m)$表示图像中位置为(n, m)处的灰度值。$M \times N$称为图像分辨率，即

图像中的像素点数量。图像的坐标原点在左上角，向右为X的正方向，向下为Y的正方向，如图 5 –1所示。

$$F = \begin{bmatrix} f(0,\ 0) & f(0,\ 1) & \dots & f(0,\ M-1) \\ f(1,\ 0) & f(1,\ 1) & \dots & f(1,\ M-1) \\ \vdots & \vdots & \ddots & \vdots \\ f(N-1,\ 0) & f(N-1,\ 1) & \dots & f(N-1,\ M-1) \end{bmatrix} \qquad (5-1)$$

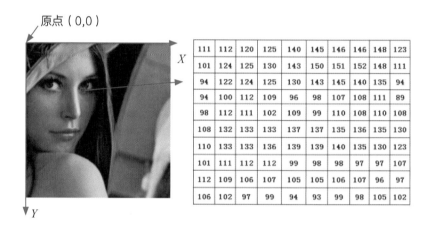

图5-1　数字图像的像素坐标轴（截取部分）

2. 灰度值

以黑白相机为例，大部分图像传感器可以根据光的强度将数据分为256个等级（8位），如图5-2所示。在最基本的黑白处理中，黑色（纯黑色）的数值为"0"，白色（纯白色）的数值为"255"，其他颜色则根据光的强度转换成处于两者之间的其他数值。换言之，每个像素点的灰度值取值范围在[0，255]之间。例如，对于黑、白各占一半的灰色，其数值为"127"。数字图像的数据就是构成图像的各像素数据的集合，像素数据采用256级浓淡数据加以表示，如图5-3所示。

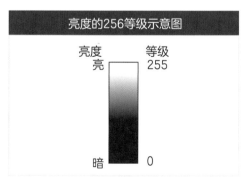

图5-2　亮度等级示意图

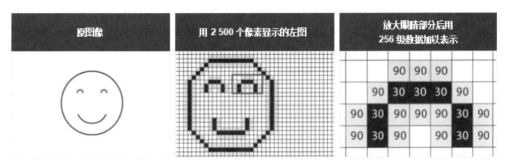

眼睛中央部分较黑，周围较淡，因此中央部分的数值是"30"，周围部分的数值是"90"。

图5-3　相机成像示意

3. 阈值分割

规定一个阈值T，如果图像中像素的灰度值小于该阈值T，则将该像素的灰度值设置为0，否则将灰度值设置为255，这种图像处理称为阈值分割。经阈值分割的图像只有两种灰度，称为二值图像或黑白图像，如图5-4所示。图像灰度的阈值变换函数表达式如下：

$$f(n,\ m)=\begin{cases} 0 & f(n,\ m)<T \\ 255 & f(n,\ m)\geqslant T \end{cases} \tag{5-2}$$

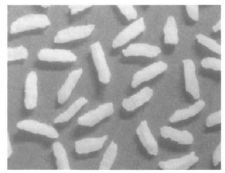（a）灰度图像　　　　　　　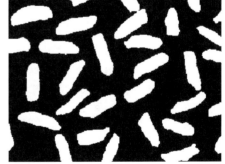（b）二值图像

图5-4　灰度图像与二值图像对比

4. 像素关系

图像处理需要考虑像素间的关系。对于图像中位于（$x,\ y$）处的一点p，与它相邻的水平和垂直的四个像素，称为像素点p的4邻域；处于对角上的4个像素，则称为像素点p的D邻域；4邻域和D邻域合在一起，称为像素p的8邻域，如图5-5所示。

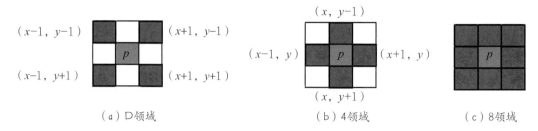

（a）D领域   （b）4领域   （c）8领域

图5-5　像素关系

5．卷积

卷积操作是图像处理中最基本的操作，利用卷积核（卷积模板）在图像上滑动，将卷积核正下方像素点的灰度值与对应的卷积核上的数值相乘，然后将所有相乘后的值相加作为卷积核中间像素对应的图像上像素点的灰度值，如图5-6所示，这样的操作过程称为卷积。卷积核从左至右，从上到下扫过整个图像，将会得到一个新的灰度图像。

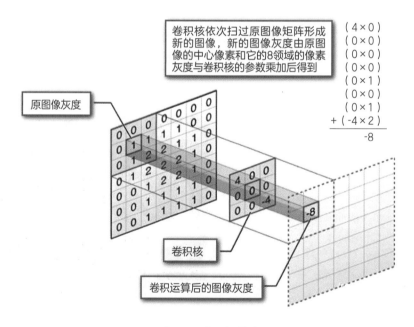

图5-6　卷积操作过程

6．均值滤波

卷积核一般定义为$k \times k$（k =3，5，7，…）的二维矩阵。以3×3的滤波模板为例，当卷积核如式（5-3）所示时，实现的是均值滤波。均值滤波是线性滤波，用来降低噪声，但不能很好地保护图像细节，在去除噪声的同时也会模糊边缘，破坏图像细节，如图5-7（b）所示。

$$\frac{1}{9} \times \begin{bmatrix} 1 & 1 & 1 \\ 1 & 1 & 1 \\ 1 & 1 & 1 \end{bmatrix} \qquad (5\text{-}3)$$

（a）原图　　　　　（b）均值滤波　　　　（c）高斯滤波

图5-7　图像滤波处理对比图

7. 高斯滤波

当卷积核如式（5-4）所示时，实现的则是高斯滤波。高斯滤波也是一种线性滤波，与均值滤波不同的是，它的模板参数使用加权平均，服从正态分布，滤波窗口中越靠近中心点的像素权重越大，越远离中心点的像素权重越小，相对于均值滤波，它的平滑效果更柔和，边缘信息保留得也更好，如图5-7（c）所示。

$$\frac{1}{16} \times \begin{bmatrix} 1 & 2 & 1 \\ 2 & 4 & 2 \\ 1 & 2 & 1 \end{bmatrix} \qquad (5\text{-}4)$$

8. 中值滤波

中值滤波是一种非线性滤波，它将$k \times k$（$k =3$，5，7，…）滤波窗口正下方图像中的$k \times k$个像素点的灰度值进行排序，取排序后的中间值作为图像中心像素点的灰度值。中值滤波在处理椒盐噪声（图像中随机出现的白点和黑点）时极为有效，能够避免线性滤波带来的图像细节模糊问题，如图5-8所示。

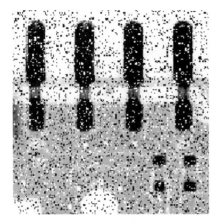 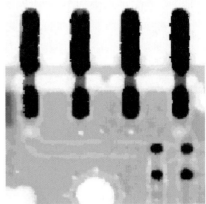

（a）椒盐噪声图像　　　　（b）5×5中值滤波处理效果图

图5-8　中值滤波处理对比图

9. 边缘提取

　　一阶差分或二阶差分能够提取图像的边缘，将提取的边缘图像加载到原始图像上，能够强化图像的边缘和灰度跳变的部分，使得图像的轮廓更加清晰。这种操作称作图像的锐化。考虑图像内一个3×3区域，在坐标(x, y)处的像素灰度为m_5，其8邻域灰度如图5-9所示，那么以(x, y)为中心的X方向和Y方向上的一阶差分近似表达式如下：

m_1	m_2	m_3
m_4	m_5	m_6
m_7	m_8	m_9

图5-9　3×3图像区域

$$g_x = \frac{\partial f}{\partial x} = (m_3 + 2m_6 + m_9) - (m_1 + 2m_4 + m_7)$$

$$g_y = \frac{\partial f}{\partial x} = (m_1 + 2m_2 + m_3) - (m_7 + 2m_8 + m_9)$$

（5-5）

　　上述差分表达式可以使用式（5-6）的滤波模板表达，称为Sobel算子。Sobel算子使用权重2来突出中心点的作用，锐化结果如图5-10（b）所示。当不强化中心点作用时，滤波模板可以写为式（5-7）的形式，称为Prewitt算子，其锐化结果如图5-10（c）所示。

$$G_x = \begin{bmatrix} -1 & 0 & 1 \\ -2 & 0 & 2 \\ -1 & 0 & 1 \end{bmatrix} \qquad G_y = \begin{bmatrix} 1 & 2 & 1 \\ 0 & 0 & 0 \\ -1 & -2 & -1 \end{bmatrix}$$

（5-6）

$$G_x = \begin{bmatrix} -1 & 0 & 1 \\ -1 & 0 & 1 \\ -1 & 0 & 1 \end{bmatrix} \qquad G_y = \begin{bmatrix} 1 & 1 & 1 \\ 0 & 0 & 0 \\ -1 & -1 & -1 \end{bmatrix} \qquad (5\text{-}7)$$

一阶差分会产生较粗的边缘，二阶差分则会生成细得多的双边缘，在增强细节方面会有更好的表现，如图5-10（d）所示。二阶差分的卷积模板如式（5-8）所示，称为Laplacian算子。

$$\begin{bmatrix} 1 & 1 & 1 \\ 1 & -8 & 1 \\ 1 & 1 & 1 \end{bmatrix} \qquad (5\text{-}8)$$

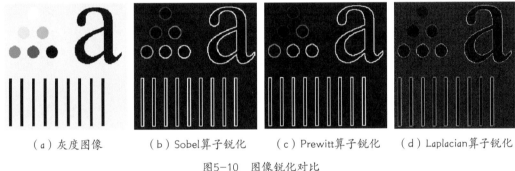

（a）灰度图像　　（b）Sobel算子锐化　　（c）Prewitt算子锐化　　（d）Laplacian算子锐化

图5-10　图像锐化对比

10. 形态学

在数字图像处理中，形态学是一个重要工具。形态学一词通常指生物学的一个分支，它用于处理动物和植物的形状和结构。在数学形态学的语境中也使用该词来作为提取图像分量的一种工具，这些分量在表示和描述区域形状（如边界、骨骼和凸壳）时是很有用的。

数学形态学的基本运算有四个：腐蚀、膨胀、开启和闭合。数学形态学方法利用一个称作结构元素的"探针"收集图像的信息，当探针在图像中不断移动时，便可考察图像各个部分之间的相互关系，从而了解图像的结构特征。

（1）腐蚀。

腐蚀"收缩"或"细化"二值图像中的对象。收缩的方式和程度由一个结构元素控制。数学上，A被B腐蚀，记为$A \ominus B$，定义为：

$$A \ominus B = \left\{ z \mid (B)_z \cap A^c \neq \varnothing \right\} \qquad (5\text{-}9)$$

腐蚀能够去除图像中的细小部分，使得细小相连的区域隔开或去除细小区域，缩小图像组成部分。

（2）膨胀。

膨胀是在二值图像中"加长"或"变粗"的操作。这种特殊的方式和变粗的程度由一个称为结构元素的集合控制。结构元素通常用0和1的矩阵表示。数学上，膨胀定义为集合运算。A被B膨胀，记为$A \oplus B$，定义为：

$$A \oplus B = \left\{ z | (\hat{B})_z \bigcap A \neq \varnothing \right\} \tag{5-10}$$

与腐蚀功能相反，膨胀能够粗化目标，连通区域，扩大图像组成部分。

（3）开启。

A被B的形态学开运算可以记作$A \circ B$，这种运算是A被B腐蚀后再用B来膨胀腐蚀结果，即：

$$A \circ B = (A \ominus B) \oplus B \tag{5-11}$$

开运算能够平滑物体轮廓、断开较窄的狭颈并消除细的突出物。

（4）闭合。

A被B形态学闭运算记作$A \bullet B$，它是先膨胀后腐蚀的结果，即：

$$A \bullet B = (A \oplus B) \ominus B \tag{5-12}$$

闭运算能够平滑轮廓，但与开运算相反，通常会弥合较窄的间断和细长的沟壑，消除孔洞，填补轮廓中的断裂。

 四、任务实操：机器视觉图像处理

1. 活动内容

使用HCvisionQuick机器视觉软件建立工程，使用预处理功能分割图5-11（a）中的多边形，将其转化为二值图像。对图5-11（b）中的圆形轮廓进行锐化，提取图形边缘。

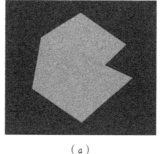
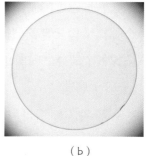

（a）　　　　　　　　　（b）

图5-11　测试图像

2. 活动流程

活动流程如图5-12所示。

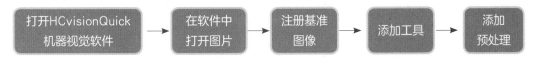

图5-12　机器视觉图像处理活动流程

3. 操作步骤

（1）打开HCvisionQuick机器视觉软件。

（2）在软件中打开图片。

在HCvisionQuick机器视觉软件快捷键栏中，点击左侧如图5-13所示的图标打开图片栏，打开图片栏后界面如图5-14所示。

图5-13　"图片栏"按键

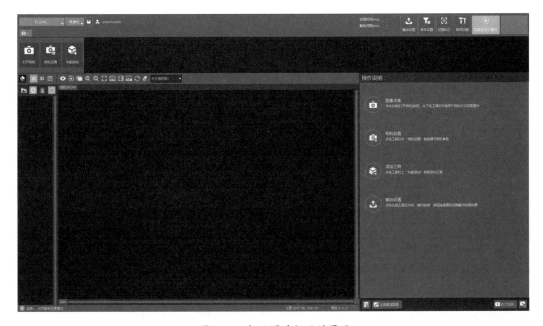

图5-14　打开图片栏后的界面

选择"打开图片"按键，如图5-15所示，在文件夹中选中需要打开的图片，点击"打开"后图片栏中出现所选图片，如图5-16所示。

图5-15　"打开图片"按键

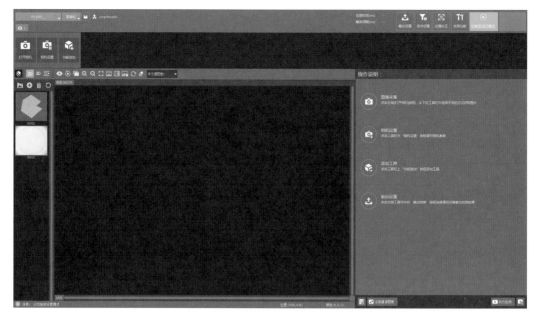

图5-16　图片栏中显示所选图片

（3）注册基准图像。

在图片栏点击第一张图片后，软件中央窗口会显示该图片，如图5-17所示。

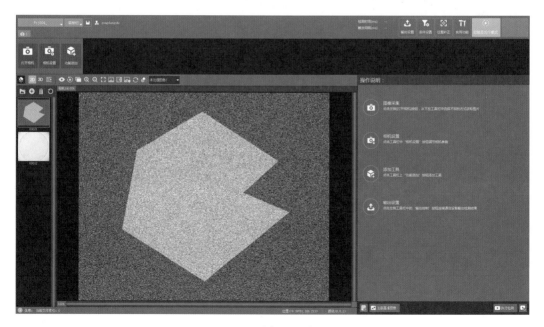

图5-17　选择"图片1"

点击界面右下方的"注册基准图像"按键，如
图5-18所示。点击后会出现基准图像注册窗口，如
图5-19所示，窗口左侧显示当前图像，点击窗口中
央的"注册"按键后，会将当前图像注册为基准图
像，如图5-20所示，注册完成后点击窗口右下方的"关闭"按键。

图5-18　"注册基准图像"按键

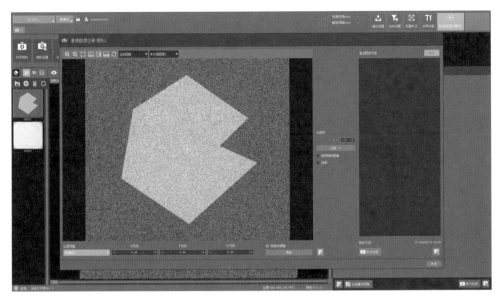

图5-19　注册基准图像

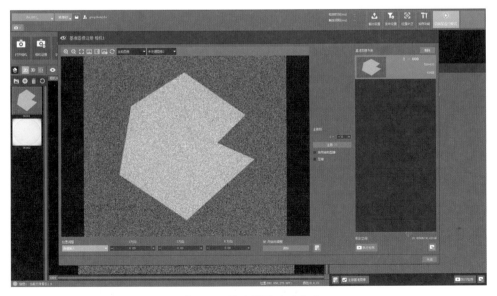

图5-20　基准图像注册完成

（4）添加工具。

点击界面左上方的"功能追加"按键如图5-21所示。工具窗口如图5-22所示，选择检测模块下的"有无检测"页面，选择"浓淡有无"工具，点击右下角的"添加"按键。

图5-21　"功能
追加"按键

图5-22　工具一览

添加工具后进入工具编辑界面，如图5-23所示，用鼠标在图像上框选出检测范围，如图5-24所示。

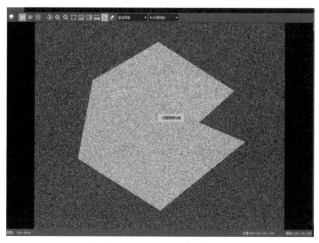

图5-23　工具编辑界面

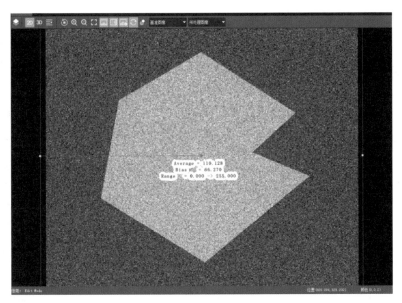

图5-24　绘制检测范围

（5）添加预处理。

在工具编辑界面的右侧点击页面1"参数设置"，如图5-25所示。点击"预处理"按键后界面如图5-26所示。

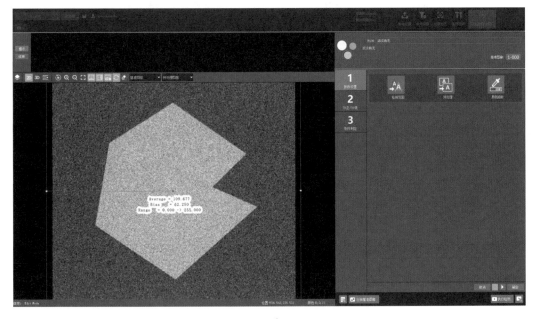

图5-25　参数设置

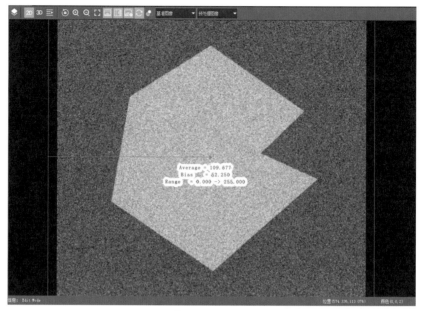

图5-26　预处理

　　点击"添加"按键后如图5-27所示，选择"高斯滤波"后点击下方的"添加"按键，添加后界面如图5-28所示，将高斯滤波参数"模糊程度"设置为3。

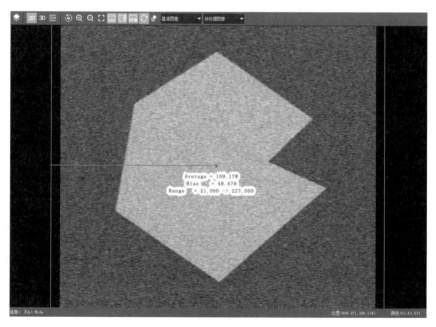

图5-27　选择"高斯滤波"

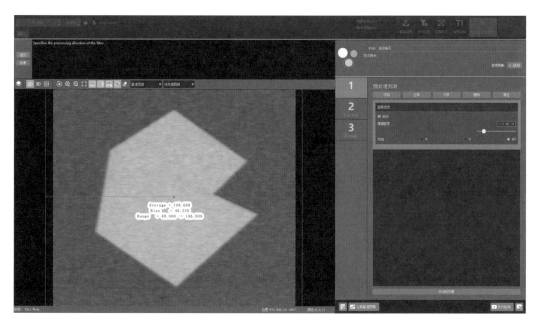

图5-28　高斯滤波参数调节

再次点击"添加"按键后如图5-29所示，选择"阈值分割"后点击下方的"添加"按键，添加后界面如图5-30所示，将阈值分割的方法设置成"手动"，"最大值"设置为255，设置"最小值"参数，直至观测到图像中的多边形被合理地分割出来。

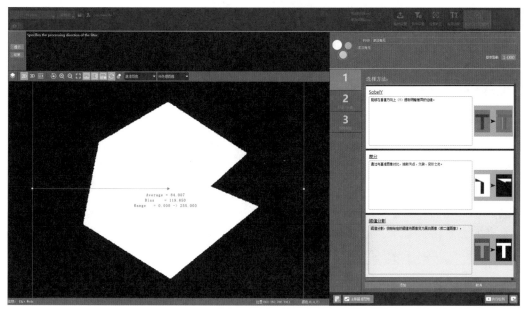

图5-29　选择阈值分割

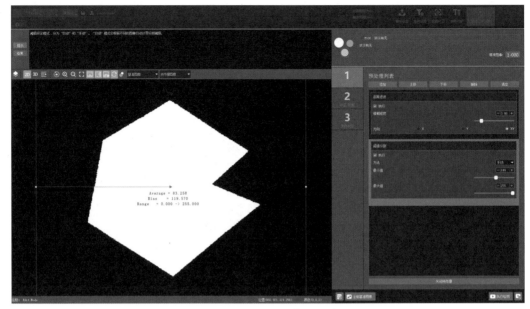

图5-30　阈值分割参数调节

完成预处理后点击"关闭预处理"，如图5-31所示，点击右下方的"确定"即可。

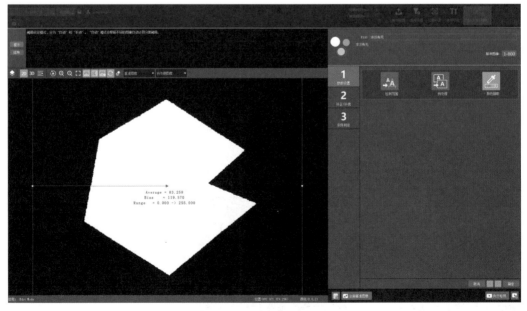

图5-31　预处理完成效果

4. 能力提升

尝试对图5-11（b）中的圆形轮廓进行锐化，提取图形边缘。

首先注册第二张基准图像，点击"注册基准图像"后将"注册到"改为"1-1"，如图5-32所示，点击注册后可看到右侧的基准图像"1-001"，完成后点击"关闭"。

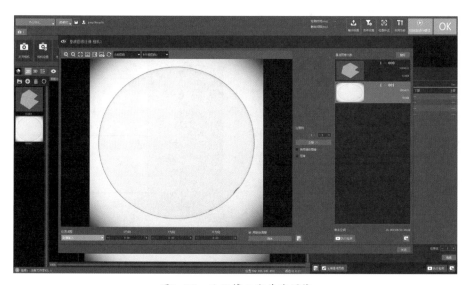

图5-32 注册第二张基准图像

再次追加"浓淡有无"工具，将工具编辑界面右上方的基准图像改为"1-001"，如图5-33所示。

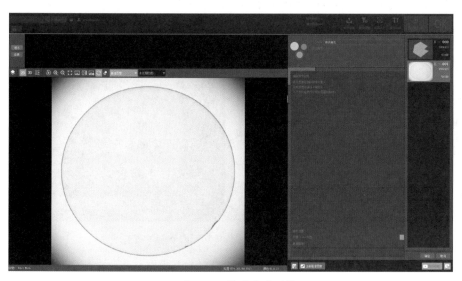

图5-33 修改基准图像

接着用鼠标绘制ROI区域，点击右侧页面1"参数设置"，点击"预处理"后点击"添加"，选择"均值滤波"后点击"添加"，如图5-34所示。

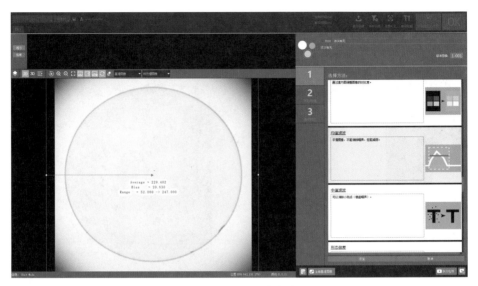

图5-34　添加均值滤波

设置均值滤波算子参数"掩模大小"为3，"迭代次数"为1，如图5-35所示。

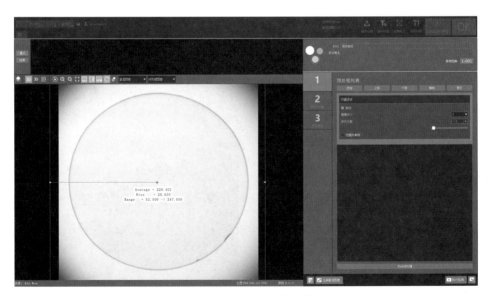

图5-35　均值滤波参数调节

再添加"锐化滤波"，如图5-36所示。

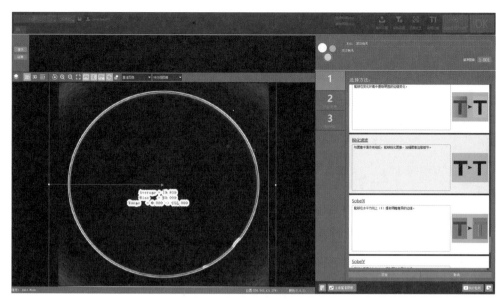

图5-36　添加锐化滤波

设置锐化滤波算子的"迭代次数"为1，当"锐化滤波类型"选择"Sobel"时预处理效果如图5-37所示，选择"Prewitt"时预处理效果如图5-38所示，选择"Laplacia"时预处理效果如图5-39所示。

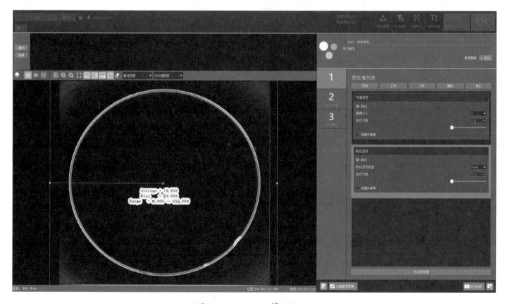

图5-37　Sobel算子锐化

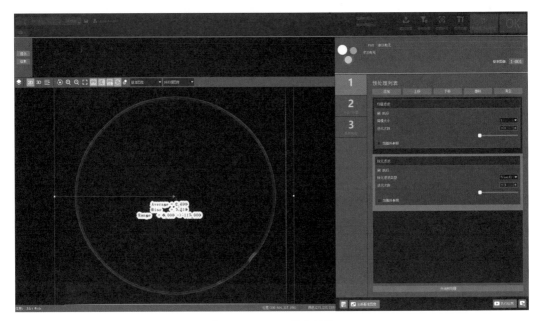

图5-38　Prewitt算子锐化

图5-39　Laplacia算子锐化

五、相关知识与技能

　　软件系统作为机器视觉中的另一组成部分，也是十分重要的。机器视觉软件主要是对数字图像进行采集和处理，检验待测目标的特定参数。目前机器视觉软件主要向高性能与可组态两方面发展。随着机器视觉技术的发展及其在各个领域越来越广泛的应用，各种机器视觉软件竞相出现。目前市场上已有的商用组态软件主要是国外的Halcon等，这些软件技术较为成熟、功能丰富。常见的机器视觉软件以Matlab图像处理工具箱、C/C++图像库、ActiveX控件、图形式编程环境等形式出现，可以是专用功能的（如仅仅用于LCD检测、BGA检测、模板对准等），也可以是通用目的的（包括定位、测量、条码/字符识别、斑点检测等）。

　　机器视觉软件系统一般利用数学模型对图像的色彩、透明度、色差进行分析，进而提取出有用的图像信息。主要包括图像信息识别与读取、图像的存储、图像数据变换、图像分割、模型匹配以及解释。

　　对于分析好的图像信息，下一步就需要进行处理。一般的图像处理方法是数字处理，主要技术和方法包括图像增强、图像分割、特征抽取、模式识别、图像压缩与传输等算法内容。图像处理所需的硬件有数字图像采集器以及图像处理计算机，主要的图像处理操作，还是要通过图像处理软件来完成。涉及的算法有傅里叶变换、正余弦变换、沃尔什变换、微分计算、滤波处理等。

　　图像是机器获取和信息交流的主要来源。通过图像的获取、分析与处理，将外界信息转化成可供计算机分析的数字信号，进而通过分析系统传输给控制系统，发出下一条动作的指令，控制机器完成任务。

六、思考与练习

（1）数字图像的原点位于图像的（   ）。

A. 左上角　　　　B. 左下角　　　　C. 右上角　　　　D. 右下角

（2）灰度值共分为（   ）个等级。

A. 254　　　　　B. 255　　　　　C. 256　　　　　D. 257

（3）灰度值的最大值为（   ）。

A. 254　　　　　B. 255　　　　　C. 256　　　　　D. 257

（4）以下关于均值滤波的说法错误的是（   ）。

A. 是线性滤波　　B. 能降低噪声　　C. 会模糊边缘　　D．会保护图像细节

（5）为消除图像上细小的突出物，应选用（   ）。

A. 开运算　　　　B. 闭运算　　　　C. 腐蚀　　　　　D. 膨胀

参考答案：（1）A　　（2）C　　（3）B　　（4）D　　（5）A

第三篇

机器视觉入门

任务4 尺寸测量
——以低压电器行业为例

本任务将在对HCvisionQuick机器视觉软件基本操作和一些基本概念有初步了解的基础上，依据视觉检测以及测量的基本原则，普及面积测量、距离测量的简单原理以及实现相关测量需求的基本操作方法。

一、任务背景

在传统的自动化生产中，对于尺寸测量，典型的方法就是使用千分尺、游标卡尺、塞尺等工具。而这些测量手段测量精度低、速度慢，无法满足大规模的自动化生产需求。

低压电器是一种能根据外界的信号和要求，手动或自动地接通、断开电路，以实现对电路或非电对象的切换、控制、保护、检测、变换和调节的元件或设备。在工业、农业、交通、国防以及居民用电中，大多数采用低压供电，因此电器元件的质量将直接影响到低压供电系统的可靠性。

基于机器视觉的尺寸测量，属于非接触式测量，能够有效快速地针对相关物体或者构件进行相关的测量，弥补人操作时视觉和手段上的误差。在比例补正调整后能得到精确的实际结果。机器视觉尺寸测量具有检测精度高、速度快、成本低、安装简便等优点。机器视觉尺寸测量可以检测零件的各种尺寸，如长度、圆、角度、线弧、距离等测量。

在HCvisionQuick机器视觉软件中可以使用检测点类、检测线类、检测圆类以及相关的组合测量工具进行尺寸测量。

二、能力目标

（1）能够使用尺寸测量类工具绘制合理的ROI，会根据ROI的绘制方向来调节趋势方向以及检测方向参数。

（2）能够根据实际图片轮廓情况调节对应参数以达到能够准确有效地测出想要的结果。

 三、知识准备

（1）掌握HCvisionQuick机器视觉软件的基础按键和机器视觉的基本原理。

（2）基本的几何知识，最小二乘法等手段拟合线、圆等的基本原理。

（3）基本的图像处理概念，对图像像素以及灰度的概念有清晰认知。

四、任务实操：低压电器测量

1. 活动内容

尺寸测量的类型主要包括面积测量和距离测量。面积测量基于二值图像内像素邻域是否连通的准则对区域进行标记，然后计算同一标记区域面积及其重心坐标。距离测量衍生出各种测量，包括线线距离、线线角度测量、多尺寸测量等，如图6-1至图6-4所示，其方法基于边缘分割和线圆拟合算法实现。

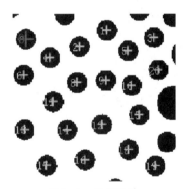

图6-1　面积测量

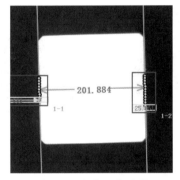

图6-2　线线距离测量

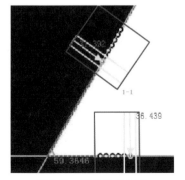

图6-3　线线角度测量

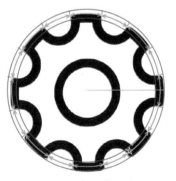

图6-4　多尺寸测量

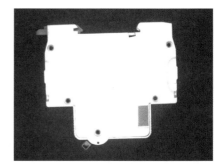

具体的活动内容是针对如图6-5所示的工件进行多种尺寸测量，包括对工件特定区域求取面积、测量圆孔之间圆心距离、边缘线间的距离、圆孔到边缘线的距离、圆孔圆心点的中点以及边缘线间所成的角度等。

最终实现的测量多结果显示，如图6-6所示。

图6-5　工件图片

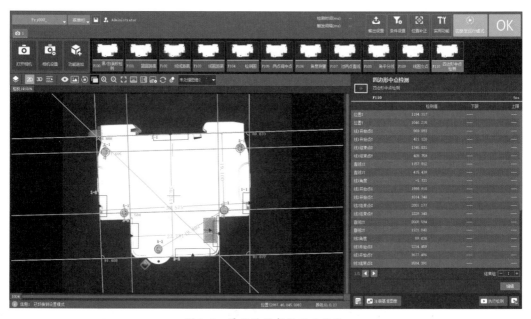

图6-6　最终结果复数显示效果

2. 活动流程

活动流程如图6-7所示。

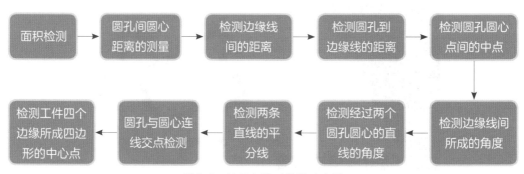

图6-7　低压电器测量活动流程

3. 操作步骤

分别完成工件特定区域求取面积、测量圆孔间圆心的距离、检测边缘线间的距离、检测圆孔到边缘线的距离、检测圆孔圆心点间的中点、检测边缘线间所成的角度、检测经过两个圆孔圆心的直线的角度、检测两条直线的平分线、检测圆孔与圆心连线交点、检测边缘线所成四边形的中心点的操作。

（1）面积检测。

①检测工件中灰色区域的像素面积，如图6-8红色所框选的区域。在软件中点击"功能追加"，在"检测"模块选择添加"黑/白面积检测"，在想要测量的区域用尽量小一些但不要过小的ROI框住，在过程中可以使用ROI上方的红点来对ROI角度进行调整。

②勾选"快速模式"以消除所有块中心显

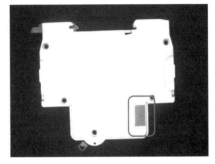

图6-8 要检测的面积区域

示，在"二值化"模块进行参数调整，若阈值分割的阈值与预想不符，则可取消选择"自动阈值"勾选框，并手动滑动改变阈值同时实时查看效果，直到调整到效果符合需求，如图6-9所示。此时需要切换颜色检测设定为"黑"，如图6-10所示，则视图上显示的数字就是最终的结果。

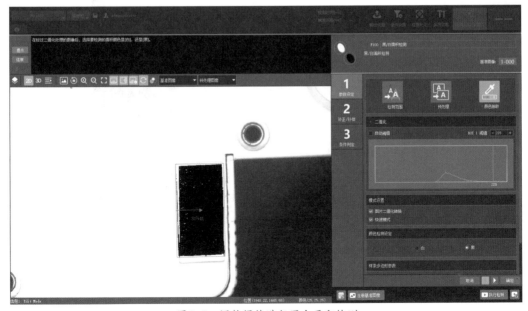

图6-9 调整阈值进行黑白面积检测

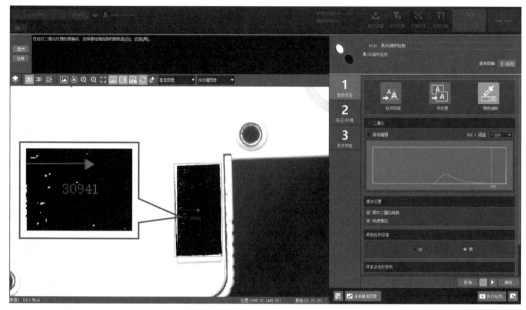

图6-10　切换颜色检测设定后的结果

（2）圆孔间圆心距离的测量。

①追加功能后选择"测量"模块添加"圆圆距离"工具，绘制合适的ROI组合，圈住两个圆的区域如图6-11所示，调整位置。

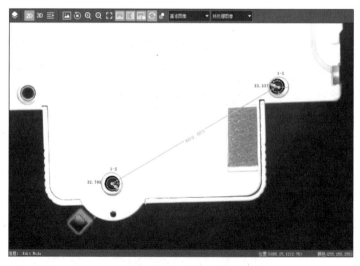

图6-11　圆圆距离工具ROI绘制

②分别调整两个检测圆的参数，利用特征边缘提取的知识进行调整，调小段大小、移动量，调大最大段数，使边缘点检测更精确，密度更高，且点数是全的。当前

发现部分边缘点检测不够准确，如图6-12所示，波形图反映有些边缘点的矮波峰应该被过滤掉，一般调整边缘敏感度来过滤这样的波峰，故调高边缘敏感度，观察波形图中黄线高度与波峰的比较，直到高过想要过滤的波峰，如图6-13所示。

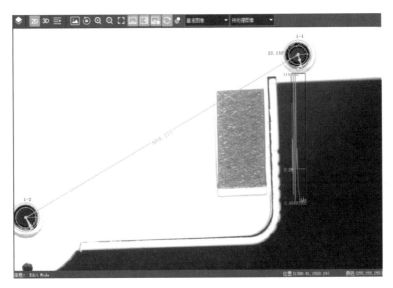

图6-12　不准确边缘点的波形图

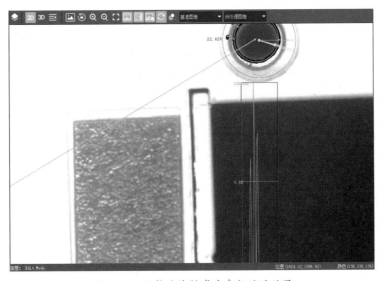

图6-13　调整边缘敏感度参数后的效果

　　③使用同样的方式调节第二个"检测圆"功能参数。而后在补正/补偿参数模块进行对应比例系数的调整，直到最终的显示结果是实际测量结果，如图6-14所示。

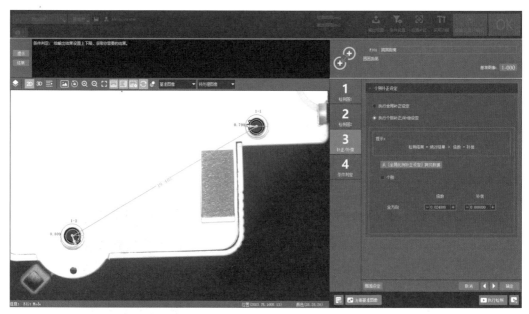

图6-14　调整补正/补偿参数后

（3）检测边缘线间的距离。

①添加"线线距离"工具，绘制合适ROI组合，分别框住合适的位置，如图6-15所示，此时线1检测结果有误，需要调整参数。

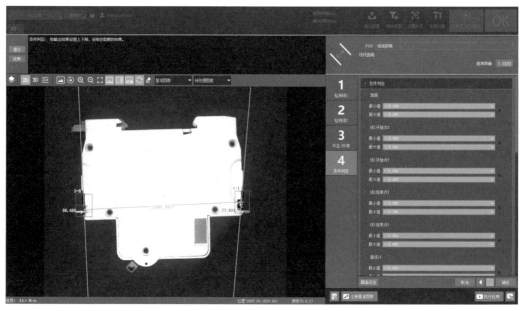

图6-15　初步添加ROI的线线距离工具

②观察检测线1功能的问题，发现检测方向为正方向有误，调整为反方向，即从ROI右侧向左侧方向进行检测，即可获取从右到左的第一条边缘，如图6-16所示。

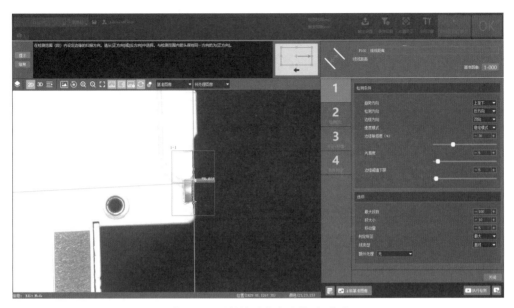

图6-16　调整检测方向后检测1结果

③调整其他相关参数，以及补正/补偿模块内的参数，以获得直接结果，如图6-17所示。

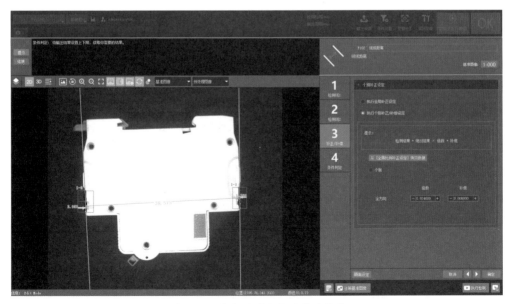

图6-17　参数设置完成后最终结果

④添加其他多组ROI，框选其他边缘线位置，调节相关参数得到多组结果，如图6-18所示。

图6-18　添加多组ROI后最终结果

（4）检测圆孔到边缘线的距离。

①添加"线圆距离"工具，在绘制ROI时，可对视图中的线圆绘制要素进行选中，即是直接采用之前工具生成产生的圆以及直线，省去了参数调节的工夫，如图6-19所示。

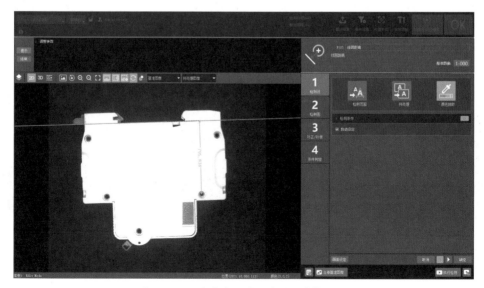

图6-19　通过共享后的"线圆距离"工具

②针对补正/补偿参数模块进行参数调整，加入比例补正后使得最终结果与实际结果相同，如图6-20所示。

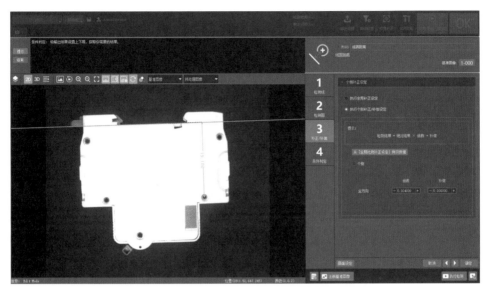

图6-20 最终结果效果图

（5）检测圆孔圆心点间的中点。

①因为要拿到圆孔点圆心数据，首先添加一个"检测圆"工具，分别得到要检测圆孔的圆心数据，如图6-21所示。

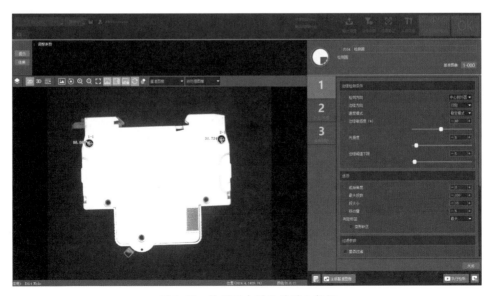

图6-21 检测两个圆孔的圆心数据

②同操作点线工具，添加一个"两点间中点"工具，共享到两个圆孔的圆心点数据，而后得到结果，如图6-22所示。

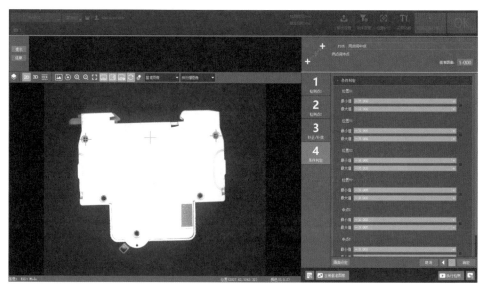

图6-22 共享后的"两点间中点"工具结果

（6）检测边缘线间所成的角度。

①同样操作"两点间中点"工具，"角度测量"工具同样适用共享功能。首先添加"角度测量"工具，共享之前检测好的线，如图6-23所示。

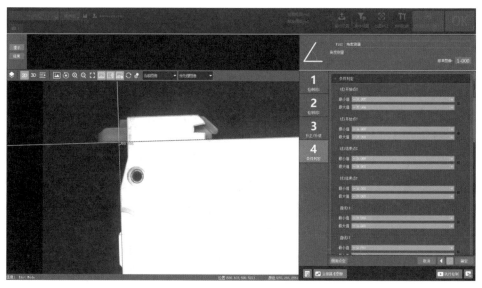

图6-23 共享后的"角度测量"工具

②添加多个共享数据组成的角度数据，组成最终效果，如图6-24所示。

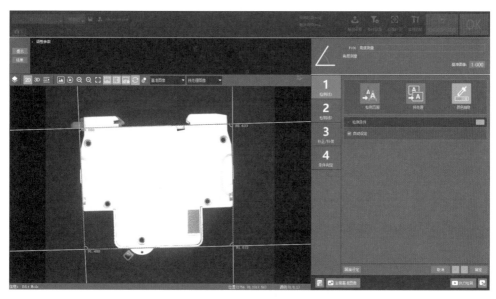

图6-24　角度测量最终效果

（7）检测经过两个圆孔圆心的直线的角度。

①首先添加"检测圆"工具，加几个ROI，分别框选想要检测的圆孔区域，这样能够共享出来圆孔的圆心以及圆形数据，如图6-25所示。

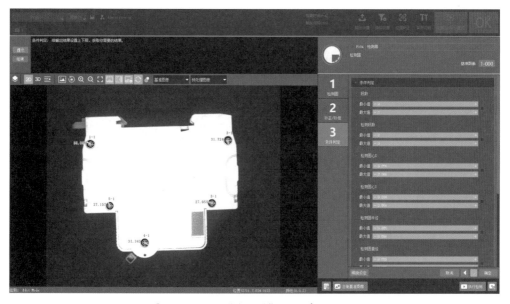

图6-25　添加"检测圆"工具并添加ROI

②添加一个"过两点直线"工具，使用共享功能，选中两个圆心点，自然生成一条过两点直线，而后再添加一组。如图6-26所示。

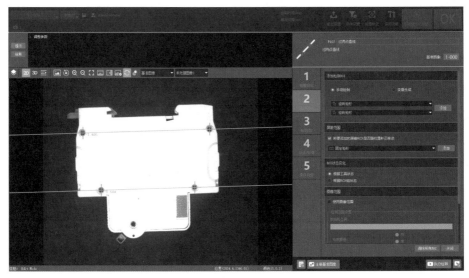

图6-26　添加共享圆心点数据的过两点直线

（8）检测两条直线的平分线。

添加一个"角平分线"工具，使用共享功能，共享两条想要检测的直线后直接得到结果，但是需要调整角平分线的参数，将角平分线1改为角平分线2，使得穿过工件的直线如图6-27所示。

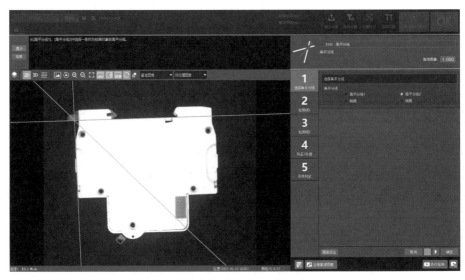

图6-27　参数角平分线2下的结果

（9）圆孔与圆心连线交点检测。

添加一个"线圆交点"工具，共享需要检测的直线和圆，此时，若有交点会显示交点，同时添加多个ROI组合，如图6-28所示。

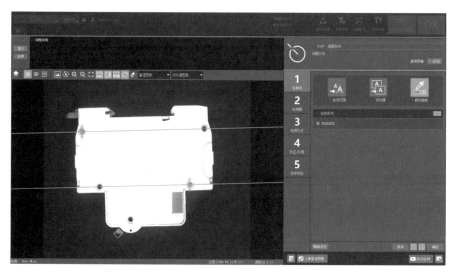

图6-28　添加"线圆交点"工具效果

（10）检测工件四个边缘所成四边形的中心点。

在之前的步骤中已经添加了对四条边缘线的检测，故现在直接添加"四边形中点检测"工具，并依次按照顺时针或者逆时针顺序共享每一条线，而后得到结果，如图6-29所示。

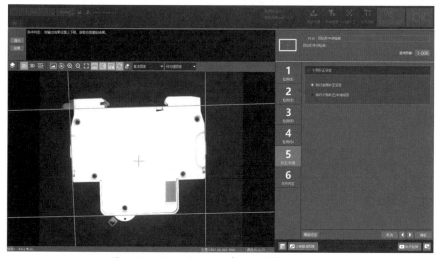

图6-29　添加"四边形中点检测"工具效果

4. 能力提升

除传统的测量之外，仍有个别工具具备特殊的测量功能，如块状物最大内切圆。

（1）添加一个"块状物最大内切圆"工具，将灰色块状物区域框选，取消勾选"自动阈值"而后调整阈值参数，直到黑白区域符合预期，如图6-30所示。

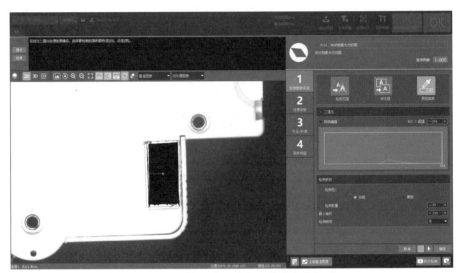

图6-30　调整阈值后的块状物最大内切圆

（2）调整检测参数中的检测色，由白色改为黑色，得到在黑色区域内的最大内切圆，如图6-31所示。

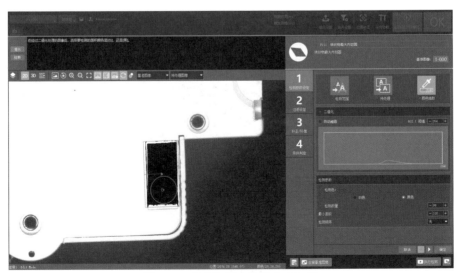

图6-31　黑色区域内的最大内切圆

五、相关知识与技能

（1）掌握添加各模块工具的基本操作。

（2）对于各模块的属性功能有基本认识。

（3）对于面积检测模块，应知道黑白面积不能得到预期效果时的应对方法，如表6-1所示。

表6-1　黑白面积得不到检测效果的应对方法

状态	应对方法
检测的面积比目测偏多或偏少	确认是否选择了正确的检测颜色
检测区域画面全黑或全白	勾选"自动阈值"设定
若勾选"自动阈值"无法得到理想的黑白图像	取消"自动阈值"设定，手动设置灰度阈值。 在黑白图像中： 若要检测的对象为黑色，黑色面积偏小，适当增大灰度阈值； 若要检测的对象为黑色，黑色面积偏大，适当减小灰度阈值； 若要检测的对象为白色，白色面积偏小，适当减小灰度阈值； 若要检测的对象为白色，白色面积偏大，适当增大灰度阈值
黑白图像中有很多细小的黑色或白色杂点难以排除	点击"预处理"，添加"均值滤波""中值滤波"或"高斯滤波"，有助于去除杂点，推荐"均值滤波"或"高斯滤波"
检测速度无法满足要求	勾选"快速模式"，提高检测速度
异常情况：检测面积始终为0或者检测的面积与实际像素数目不符	确认是否勾选"图片二值化转化"。当"颜色检测设定"设置为"白"时，本工具只计算白色部分（灰度值为255）的面积；当"颜色检测设定"设置为"黑"时，本工具只计算黑色部分（灰度值为0）的面积
判定结果与预期不符	可能原因： 判定条件（面积）设置不合适； 没有设置合适的参数

（4）对测量模块，要知道当得不到预期检测效果时，应如何应对，以检测线为例，如表6-2所示。

表6-2　检测线得不到检测效果时的应对方法

状态	应对方法
无法在检测区域内检测到较接近水平的直线	"趋势方向"选择"左至右"，"检测方向"选择"正方向"（或"反方向"）
无法在检测区域内检测到较接近竖直的直线	"趋势方向"选择"上至下"，"检测方向"选择"正方向"（或"反方向"）
所检测出的直线与预期相比有微小程度偏斜	增大"光滑度"设定值
检测直线与预期相比出现大程度偏斜	（1）调整检测框（蓝色），将所要检测的直线包括在内，减少其他信息的干扰； （2）适当调高（增大）"边缘阈值下限"的设定值
检测的直线上有微小凸起或凹陷等缺陷干扰	适当增大"段大小"
误检测了范围内浓的边缘	一边查看边缘强度波形，一边调小边缘敏感度

六、思考与练习

（1）使用"黑/白面积检测"工具时，发现图像分割不符合预期，应该调节（　　　）。

　　A. 自动阈值　　　　　B. 图像二值化转换

　　C. 快速模式　　　　　D. 颜色检测设定

（2）检测线中边缘点个数少于预期时，应该调节（　　　）。

　　A. 速度模式　　　　　B. 最大段数

　　C. 段大小　　　　　　D. 移动量

（3）像素结果转化为实际结果是用哪个功能（　　　）。

　　A. 条件判定　　　　　B. 画面设定

　　C. 基准图像功能　　　D. 补正/补偿功能

（4）如图6-32所示，当前检测圆工具想要检测最外圈的圆，最直接的应该调节
（　　）参数。

A. 检测方向　　　　　　B. 边缘方向

C. 边缘敏感度　　　　　D. 边缘阈值下限

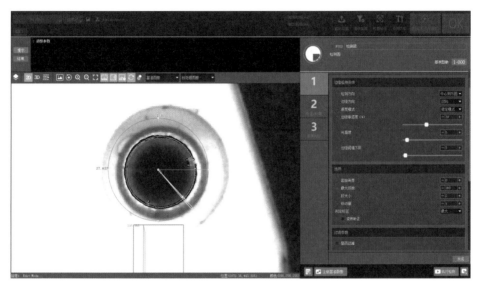

图6-32　检测圆效果图

参考答案：（1）A　　（2）B　　（3）D　　（4）A

任务5 颜色识别
——以电子元器件行业为例

本任务将基于机器视觉的基本原理，利用颜色识别（color identification）工具对物体表面的颜色进行有效识别。颜色识别是指对物体表面表征或现象的检测，利用视觉检测技术来实现对颜色的识别与区分。颜色识别是一种新兴的检测技术，可以在工农业生产中对产品进行有效、准确、快速的智能检测。

一、任务背景

电子元件（electronic component），是电子电路中的基本元素，通常是个别封装，并具有两个或以上的引线或金属接点。电子元件需相互连接以构成一个具有特定功能的电子电路，例如，放大器、无线电接收机、振荡器等，连接电子元件常见的方式之一是焊接到印刷电路板上。电子元件也许是单独的封装（电阻器、电容器、电感器、晶体管、二极管等），或是各种不同复杂度的群组，例如，集成电路（运算放大器、排阻、逻辑门等）。

而半导体最学术的解释是指常温下导电性能介于导体与绝缘体之间并且导电性可控的材料，而在日常生活中提到的半导体基本是指半导体在集成电路、消费电子、通信系统、光伏发电、照明应用、大功率电源转换等领域的应用。

在现代制造业中，很多生产电子元器件的过程都需要进行颜色识别，比如电子产品和仪器设备中经常使用多色芯线、色环电阻等需要识别的元器件。为了达到快速、准确无误的识别要求，可以利用机器视觉中的颜色识别功能去判定。

在HCvisionQuick机器视觉软件中可以通过"颜色成份有无"（为了与软件一致，本书"颜色成分有无"均用"颜色成份有无"表述）、"指定色面积"等方法，实现颜色判定。

二、能力目标

（1）熟练掌握RGB、HSV的相关知识。

（2）熟练掌握"颜色成份有无"工具的相关知识。

（3）熟练掌握"指定色面积"的相关知识。

三、知识准备

1. 对RGB的认识

RGB模型（red、green and blue model）是一种线性颜色空间模型，分别由红色（R）、绿色（G）和蓝色（B）这三个成分混合构成丰富多彩的世界。这三个不同颜色成分，分别由机器视觉系统中的R、G、B三个通道来表示，从而可以组合成可见光中所有的颜色，色彩强度由0~255表示，总共256个灰度值（gray scale，简称GS）。在RGB色彩模型中一共可以体现16 777 216种颜色，如图7-1所示。三个通道不仅可以体现颜色的色度，而且还可以体现颜色的亮度。R、G、B之间的比例关系称为归一化RGB（Normalized RGB），R、G、B的值可以用公式（7-1）计算。在RGB模型中，任意一种颜色的GS可以利用公式（7-2）计算。

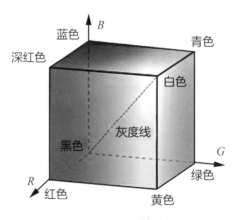

图7-1 RGB模型

$$R = \frac{R}{R+G+B}; G = \frac{G}{R+G+B}; B = \frac{B}{R+G+B} \qquad (7-1)$$

公式说明：R表示红色分量，G表示绿色分量，B表示蓝色分量。

$$GS = 0.333 \times R + 0.333 \times G + 0.333 \times B \qquad (7-2)$$

公式说明：GS表示混合而成的颜色灰度值，R表示红色分量，G表示绿色分量，B表示蓝色分量。

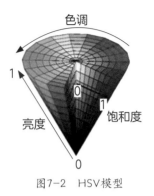

图7-2　HSV模型

2. 对HSV的认识

HSV模型（hum，saturation and value/lightness model）是一种非线性颜色空间模型，其中的颜色参数分别是：色调（H）、饱和度（S）、亮度（V），如图7-2所示，H、S、V分别所表示的意义见表7-1。

表7-1　HSV定义

名称	定义
色调H（hum）	用角度度量，取值范围为0°～360°，从红色开始按逆时针方向计算，红色为0°，绿色为120°，蓝色为240°。它们的补色是：黄色为60°，青色为180°，紫色为300°
饱和度S（saturation）	饱和度S表示颜色接近光谱色的程度。一种颜色，可以看成是某种光谱色与白色混合的结果。其中光谱色所占的比例越大，颜色接近光谱色的程度就越高，颜色的饱和度也就越高。饱和度高，颜色则深而艳。光谱色的白光成分为0，饱和度达到最高。通常取值范围为0%～100%，值越大，颜色越饱和
亮度V（value/ lightness）	亮度表示颜色明亮的程度，对于光源色，亮度值与发光体的光亮度有关；对于物体色，此值和物体的透射比或反射比有关。通常取值范围为0%（黑）到100%（白）

3. 对"颜色成份有无"检测的认识

在数字图像处理的过程中，可以使用"颜色成份有无"工具找到对应颜色数值（RGB模式与HSV模式），根据该信息可以判定对象的有无，辨别品种和颜色。在信息数据中，每一个通道拥有256个灰度值，可以获得平均值、偏差值、最小范围、最大范围等数据。

4. 对指定色面积的认识

在数字图像处理的过程中，可以使用指定色面积工具，从图像中抽取指定颜色后，在产品中检测该颜色的面积。

四、任务实操：电阻色环检测

1. 活动内容

分别对红色、黄色、蓝色产品拍照，并确定其颜色成分；对电阻色环拍照，并确定其颜色成分。

2. 活动流程

"颜色成份有无"的检测流程如图7-3所示。

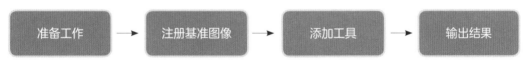

图7-3 电阻色环检测活动流程

3. 操作步骤

（1）准备工作。

①材料准备，如表7-2所示。

表7-2 材料准备

序号	名称	型号	数量
1	视觉处理机（含软件）	HC-AQL6201S	1
2	工业相机	500万像素	1
3	镜头	百万级工业镜头	1
4	光源	环光	1
5	相机电源线	3 m	1
6	相机网线	3 m	1
7	光源延长线	3 m	1
8	实验架	—	1
9	被测对象	—	4

②将视觉处理机、工业相机、镜头、光源、相机电源线、相机网线、光源延长线等在实验架上按如图7-4所示组建好。

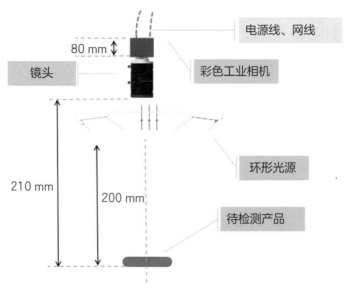

电源线、网线

80 mm

镜头

彩色工业相机

环形光源

210 mm

200 mm

待检测产品

图7-4　实验架上组建

③打开光源，如图7-5所示。

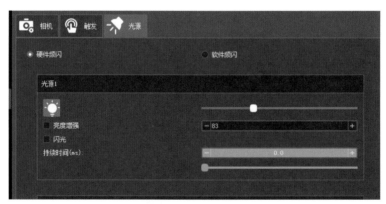

图7-5　打开光源

④打开彩色工业相机对样品进行图像的采集。

点击界面左上角的"打开相机"按钮，在下拉框中选择相机类型，点击"确定"按钮，如图7-6所示。

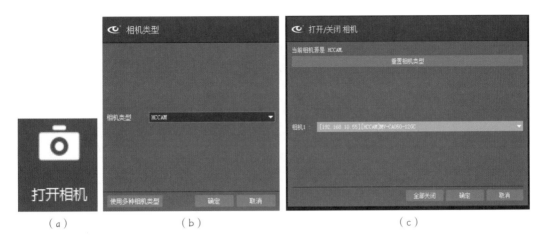

（a）　　　　　　　　　　（b）　　　　　　　　　　（c）

图7-6　打开相机

（2）注册基准图像。

点击"注册基准图像"按钮，进入注册基准图像对话框，进行注册，如图7-7和图7-8所示。

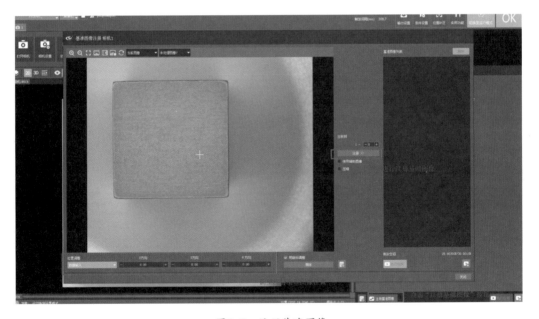

图7-7　注册基准图像

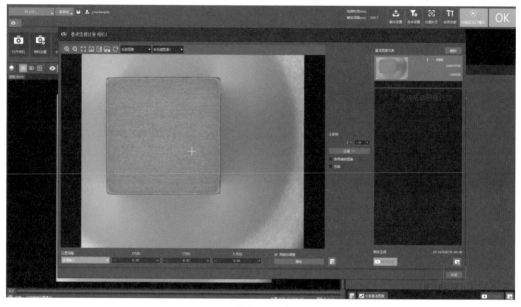

图7-8　完成注册基准图像

（3）添加工具。

①添加"颜色成份有无"工具并绘制ROI（划定检测范围），如图7-9所示。

图7-9　"颜色成份有无"检测工具

②在"颜色成份有无"工具中的"颜色模式设定"中选择"RGB"模式（或者是"HSV"模式）如图7-10所示。

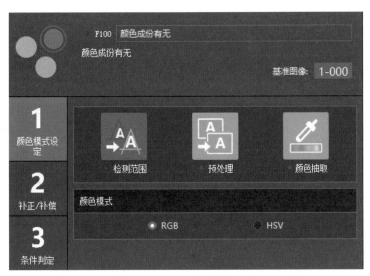

图7-10 "颜色成份有无"设定

③在"颜色成份有无"工具中对"条件判定"进行设置。具体内容为对"RGB通道""检测名称""上下限"的含义进行说明，如表7-3、表7-4、表7-5所示。

表7-3 RGB通道含义说明

序列号	通道名称	通道定义
1	通道一	红色（R）
2	通道二	绿色（G）
3	通道三	蓝色（B）

表7-4 检测名称含义说明

序列号	名称	定义
1	平均值	此颜色检测范围中的平均值
2	偏差值	此颜色检测范围中的相对平均值的偏差数值
3	最小范围	此颜色检测范围中的最小值
4	最大范围	此颜色检测范围中的最大值

表7-5 上下限含义说明

序列号	名称	设定定义	备注
1	上限	参数值上限	如检测数值超出上限，数值会显示红色
2	下限	参数值下限	如检测数值超出下限，数值会显示红色

（4）输出结果。

采集几张图片，如图7-11、图7-12和图7-13所示，将通道一、通道二、通道三中的平均值记录下来，如表7-6所示。

图7-11　红色产品

图7-12　蓝色产品

图7-13　黄色产品

表7-6　RGB三通道数值

序列号	模型颜色	通道一（R） 平均值	通道二（G） 平均值	通道三（B） 平均值
1	红色方块模型	176.000 4	46.729 0	27.310 0
2	蓝色方块模型	39.424 0	85.548 0	245.837 0
3	黄色方块模型	255.000 0	250.950 0	67.496 0

　　通过三种颜色模型中的RGB通道，进行对比，可以发现在颜色与数值之间存在对应关系，具体参数如图7-14所示（如设定上下限，超出范围的将会在此显示红色）。

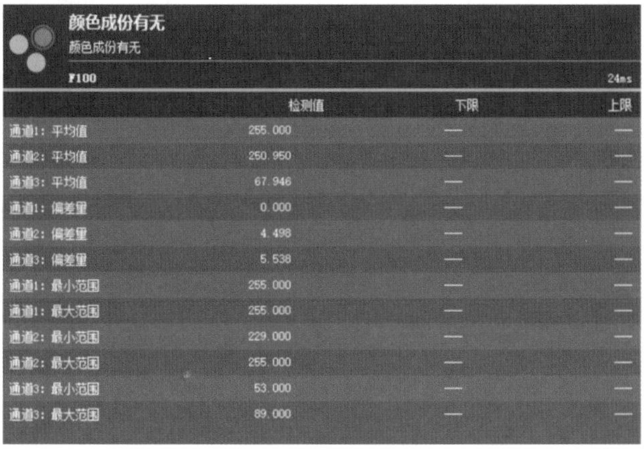

图7-14　"颜色成份有无"检测数值

4. 能力提升

"色环电阻"上的颜色,是用来表示电阻阻值的大小与阻值误差百分比,由12种颜色来表示,分别为:"黑、棕、红、橙、黄、绿、蓝、紫、灰、白、金、银",在电子产品中经常用到色环电阻,如图7-15所示。在生产线上可以用机器视觉中颜色识别功能对其进行甄别。

图7-15 色环电阻

①点击"注册基准图像"按钮,进入注册基准图像对话框,可将视图中的图形经平移、缩放及旋转再进行注册,如图7-16和图7-17所示。

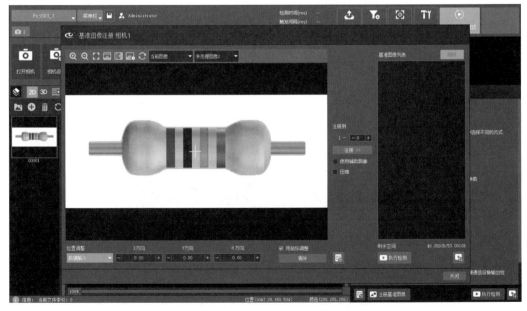

图7-16 注册基准图像

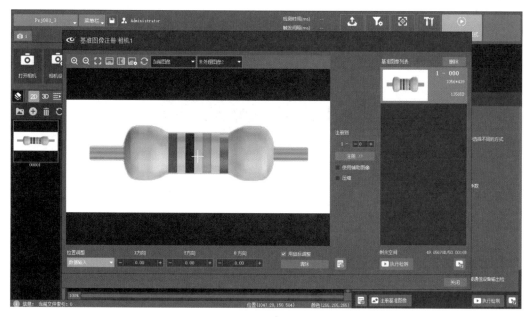

图7-17　完成注册基准图像

②添加"颜色成份有无"工具并绘制ROI（划定检测范围），如图7-18所示。

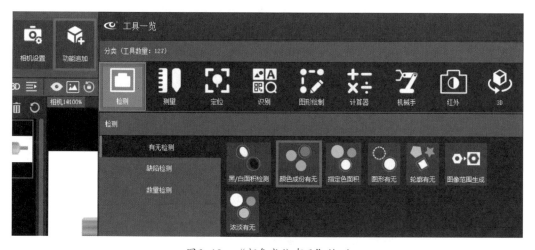

图7-18　"颜色成份有无"检测

③利用机器视觉去测量"色环电阻"的阻值，如图7-19所示的色环电阻（阻值是 1 MΩ ±5%），由4种颜色组成，利用"颜色成份有无"工具设置4组ROI（划定检测范围），去识别电阻上4种颜色，并记录各颜色通道RGB的数值。

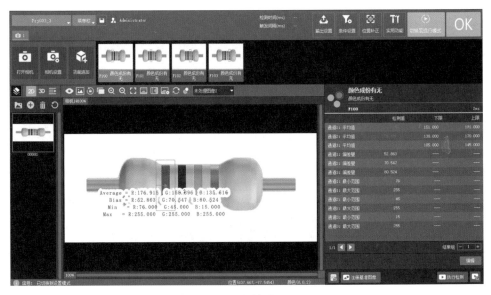

图7-19　绘制4组ROI

④利用"颜色成份有无"工具中的条件判定去设定RGB的检测范围。这里按照注册图像的正负20个像素点进行设定，如图7-20所示。

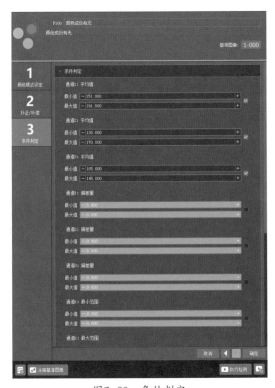

图7-20　条件判定

⑤在设置完触发方式后，对"颜色成份有无"工具进行运行操作，如图7-21所示为合格产品，如图7-22所示为不合格产品。

图7-21　合格产品

图7-22　不合格产品

五、相关知识与技能

使用"颜色成份有无"工具，得不到预期的检测结果时，可以参考表7-7所列的方法进行解决。

表7-7　使用"颜色成份有无"工具得不到预期的检测结果时的应对方法

序列号	状态	应对方法
1	若不对某一判定项进行判定	在条件判定中，对应判定项的"最小"和"最大"设为0
2	判定结果与预期不符	查看条件判定范围设置是否得当

使用"指定色面积"工具，得不到预期的检测结果时，可以参考表7-8所列方法进行解决。

表7-8　使用"指定色面积"工具得不到预期的检测结果时的应对方法

序列号	状态	应对方法
1	比目测像素数更多或更少	重新选择检测颜色的白和黑
2	颜色抽取不充分	选择自动扩展或对别的部位进行颜色抽取
3	想要获取更快的检测速度	勾选"快速模式"

六、思考与练习

（1）使用"颜色成份有无"工具时，判定结果与预期不符应该如何解决
（   ）。

A. 勾选"自动阈值"设定　　　　B. 查看条件判定范围设置是否得当

C. 勾选"快速模式"　　　　　　D. 确认是否选择了正确的检测颜色

（2）在RGB与HSV模型中，哪一种颜色模型属于非线性颜色空间（   ）。

A. RGB模型　　　　　　　　　B. HSV模型

C. RGB模型与HSV模型　　　　D. RGB与HSV模型都不是

（3）在Normalized RGB中，拥有几个坐标系是独立的，从而形成二维色度空间
（   ）。

A. 0个　　　　　　　　　　　B. 1个

C. 2个　　　　　　　　　　　D. 3个

参考答案：（1）B　　（2）B　　（3）C

任务6　缺陷检测
——以日用品行业为例

本任务在对HCvisionQuick机器视觉软件基本操作和一些基本概念有初步了解的基础上，介绍工业产品图像表面缺陷检测的基本原理。产品表面缺陷检测属于机器视觉技术的一种，就是利用计算机视觉模拟人类视觉的功能，从具体的实物进行图像的采集处理、计算，最终进行实际检测、控制和应用。

一、任务背景

日用品又名生活用品，是普通人日常使用的物品，生活必需品，即是家庭用品、家居食物、家庭用具及家庭电器等。因为日用品最贴近人们的日常生活，所以对其质量的要求也与日俱增。

日用品产品的表面缺陷检测是机器视觉检测的一个重要部分，其检测的准确程度会直接影响产品最终的质量优劣。常见的缺陷有：凹凸、污点、划痕、裂缝等。工业检测领域是机器视觉应用中比重最大的领域，主要用于产品质量检测、产品分类、产品包装等，如日用品包装、板材加工检测、玻璃基板表面检测、PCB表面检测、金属表面检测、二极管基片检查、印刷电路板缺陷检查、印刷行业的检测、焊缝缺陷自动识别等方面均得到了广泛的应用。

在掌握缺陷类检测工具中的毛刺和瑕疵工具的实现原理后，可以使用HCvisionQuick机器视觉软件的瑕疵、直线上毛刺、圆环上毛刺等工具来实现产品缺陷识别。

二、能力目标

（1）掌握缺陷和毛刺的基本原理及相关基础知识。

（2）能有效针对波形图调节边缘敏感度、光滑度以及边缘强度下限参数，筛选出波形图波峰，得到想要的点。

（3）筛选特征点，使得拟合的轮廓符合要求。

三、知识准备

（1）毛刺是工件加工过程中边缘部位产生的刺状物，它会影响产品的外观甚至性能，需要对其进行检测。工件的轮廓可能是直线，也可能是曲线，在图像处理中可以使用直线或曲线去拟合边缘点群。对于那些不在曲线上的边缘点，如果它们与曲线的距离在阈值范围之内，那么也是正常的，而超出阈值之外的，则会被判定为毛刺。一般的毛刺处理流程如图8-1所示。

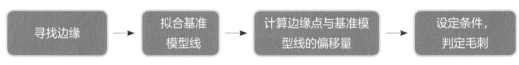

图8-1　毛刺处理流程

（2）"直线上毛刺"和"圆环上毛刺"的检测形式，如图8-2和图8-3所示。

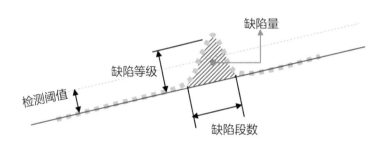

图8-2　"直线上毛刺"检测形式

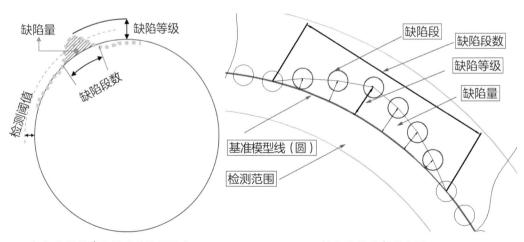

（a）检测轮廓为圆时的检测形式　　　　　（b）缺陷局部放大图

图8-3　"圆环上毛刺"检测形式

（3）瑕疵是指工件表面上的划痕或形体上的缺损。基于黑白面积进行缺陷检测是最常规的方法，另一种方法是基于区间灰度差进行检测。一般脏污或瑕疵是一小块像素点组成的区域，这块区域像素的平均灰度值与周围灰度存在差异。以瑕疵区域作为段区间大小，与周围同大小区域进行灰度均值比较，当最大灰度差异超过阈值（缺陷等级）时即可判定为瑕疵缺陷。瑕疵检测方法如图8-4所示，瑕疵不同方向的检测形式，如图8-5所示。

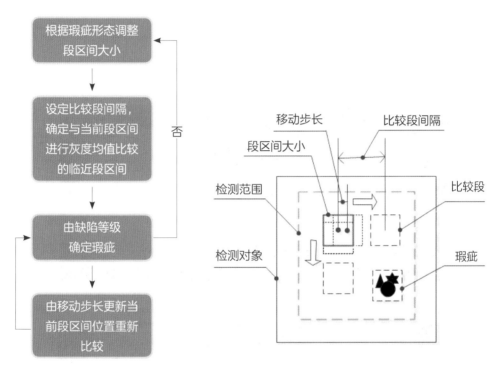

图8-4 瑕疵检测方法

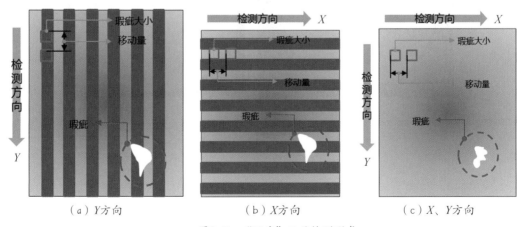

（a）Y方向　　　　　　（b）X方向　　　　　　（c）X、Y方向

图8-5 "瑕疵"工具检测形式

四、任务实操：纸杯瑕疵检测

1. 活动内容

（1）使用"瑕疵"工具检测纸杯表面的黑点，"圆环上毛刺"工具检测纸杯边缘的爆口。

（2）"直线上毛刺"工具检测产品4条边缘的毛刺。

（3）效果展示图。

①纸杯机项目缺陷检测：使用"瑕疵"工具检测纸杯表面的黑点，"圆环上毛刺"工具检测纸杯边缘的爆口，效果如图8-6所示。

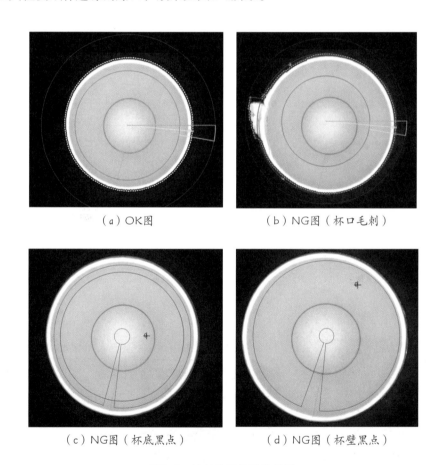

（a）OK图　　　　　　　　　（b）NG图（杯口毛刺）

（c）NG图（杯底黑点）　　　　　（d）NG图（杯壁黑点）

图8-6　纸杯缺陷检测效果图

②通过"直线上毛刺"工具，检测产品四条边是否存在变形或毛刺的缺陷，有的产品一条边向外凸出变形，有向内凹陷的缺陷，效果如图8-7所示。

图8-7　产品四条直线边缘的毛刺检测

2. 活动流程

活动流程如图8-8所示。

图8-8　纸杯瑕疵检测活动流程

3. 操作步骤

实操1：使用"瑕疵"和"圆环上毛刺"工具检测纸杯的表面黑点和边缘爆口。

（1）加载图片。

①加载图片，如图8-9所示。

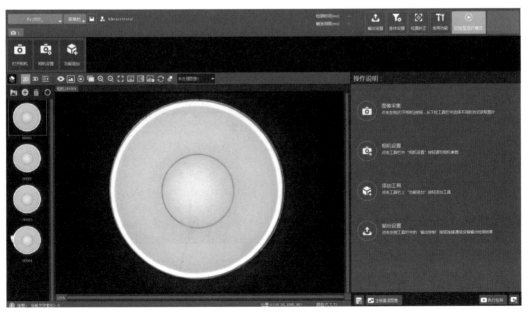

图8-9　加载图片

②点击注册基准图像，注册完成，如图8-10所示。

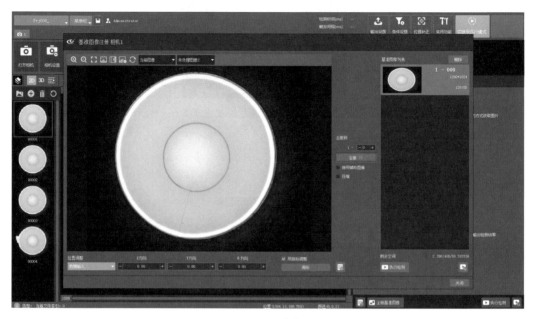

图8-10　注册基准图像

（2）添加缺陷检测工具。

添加"瑕疵"工具并绘制圆弧ROI，如图8-11和图8-12所示。

图8-11　工具添加路径

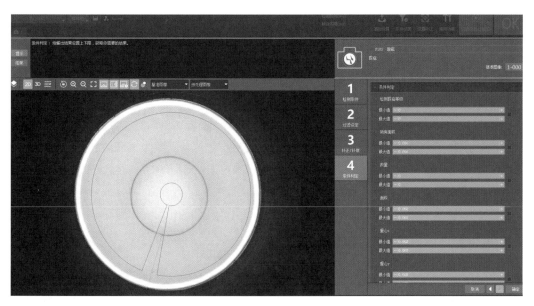

图8-12　绘制圆弧ROI

（3）调节工具参数。

①点击"检测条件"，进行参数调节。"瑕疵大小"设置为4，勾选"是否排除边界"，如图8-13所示。点击"条件判定"，根据缺陷数量来进行结果判定，数量勾选为判定参数。

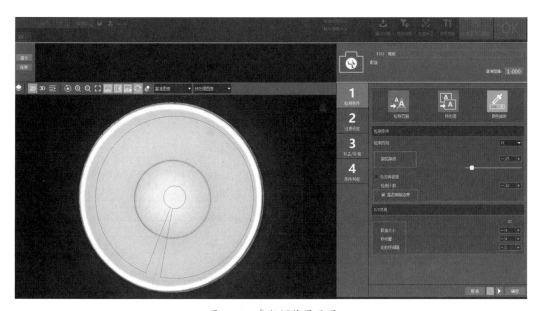

图8-13　参数调节界面图

②添加"圆环上毛刺"工具，并绘制圆环ROI，如图8-14所示。

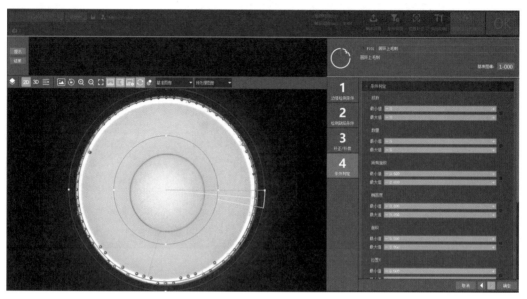

图8-14　圆环上毛刺的圆环ROI

③点击"边缘检测条件"，"检测方向"设置为"圆到圆心"，"移动量"设置为2，边缘敏感度、排除边缘干扰几个参数根据实际图像进行设置，如图8-15所示。

点击"检测缺陷条件"，"缺陷等级条件下限"设置为5，如图8-16所示。

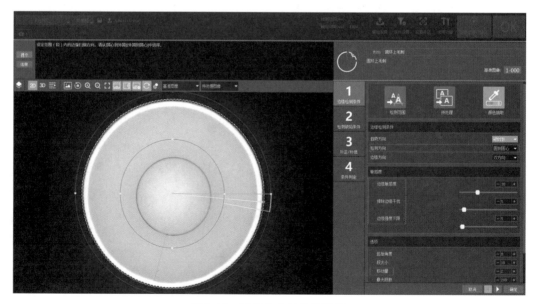

图8-15　圆环上毛刺参数调节

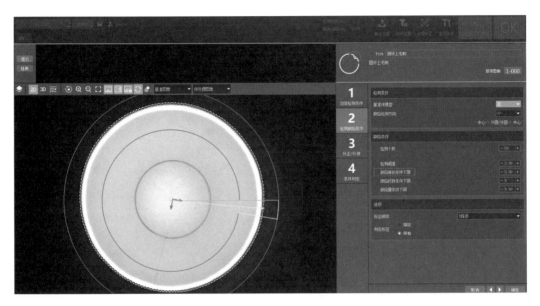

图8-16　缺陷等级参数设置

（4）查看不同图片的检测结果，如图8-17至图8-20所示。

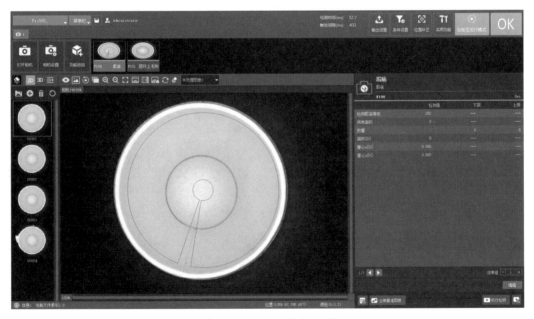

图8-17　检测工具为OK图

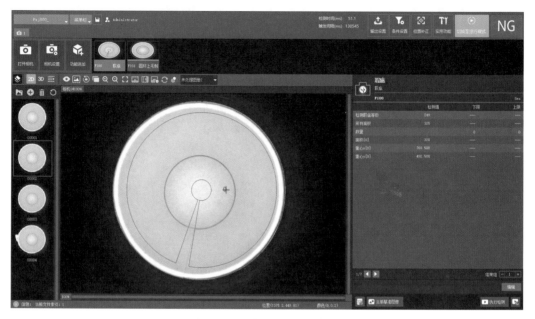

图8-18 瑕疵检测NG图（1）

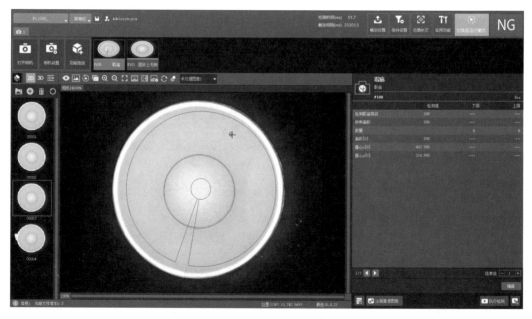

图8-19 瑕疵检测NG图（2）

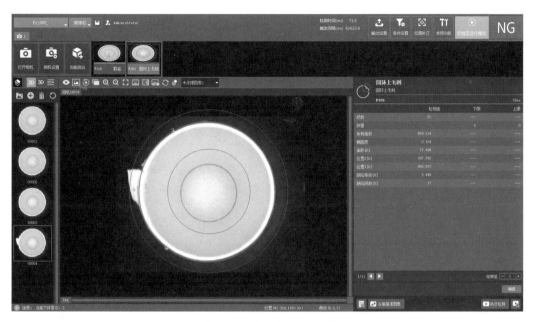

图8-20　圆环上毛刺NG图

实操2：通过"直线上毛刺"工具，检测产品四条边缘上的毛刺。

（1）加载图片。

①加载图片，如图8-21所示。

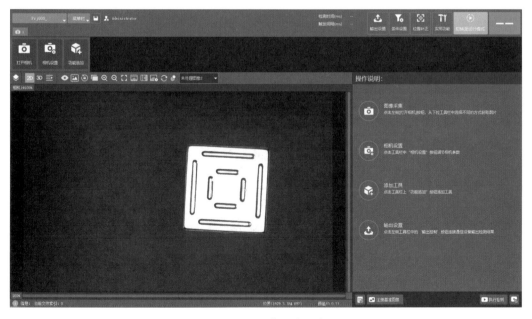

图8-21　加载测试图片

②注册基准图像，点击"注册基准图像"，注册完成，如图8-22所示。

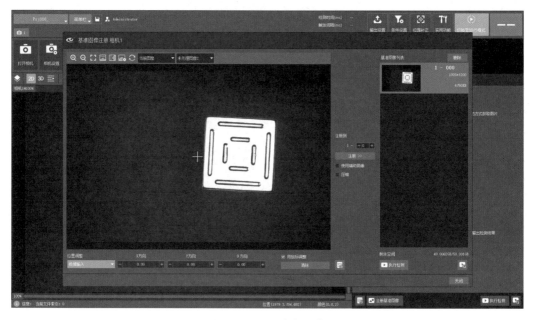

图8-22　注册基准图像

（2）添加检测工具。

添加"直线毛刺检测"工具，绘制旋转矩形ROI，如图8-23所示。

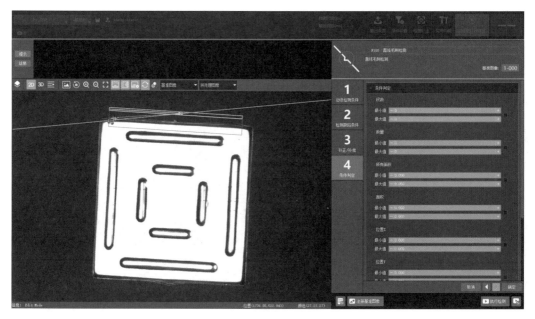

图8-23　绘制旋转矩形ROI

（3）工具参数调节。

①点击"边缘检测条件"，"趋势方向"设置为从左到右，"边缘方向"设置为从暗到亮，"边缘敏感度"设置为4，"边缘平滑"设置为2，"移动量"设置为7，勾选直线补正功能，如图8-24所示。

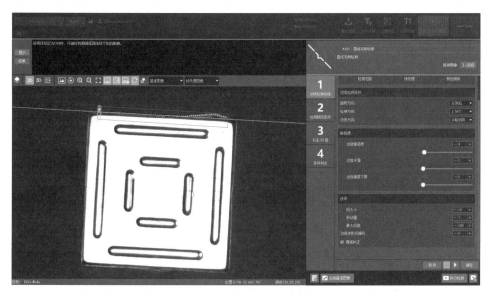

图8-24　参数调节界面

②添加多个"直线毛刺检测"工具，每个工具都调节线检测的参数，每个工具调节的参数分别如图8-25、图8-26和图8-27所示。

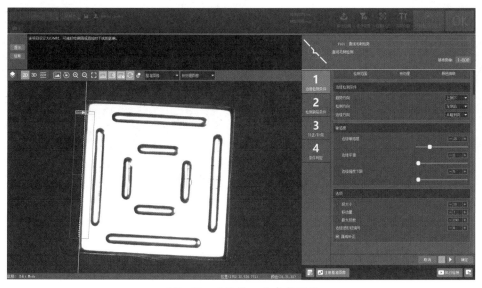

图8-25　左边的工具参数调节

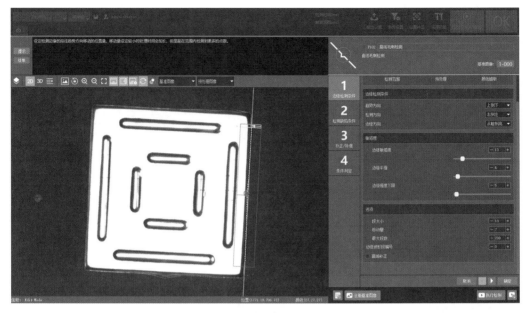

图8-26 右边的工具参数调节

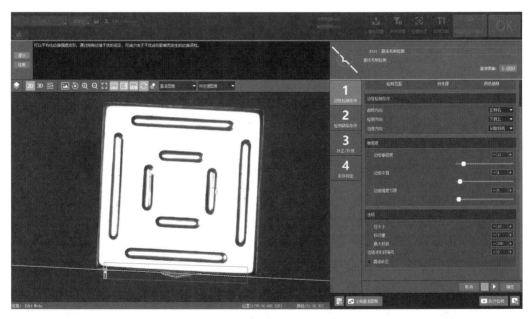

图8-27 下边的工具参数调节

③把4个"直线毛刺检测"工具的判定条件，都设置为数量判定，如图8-28所示。

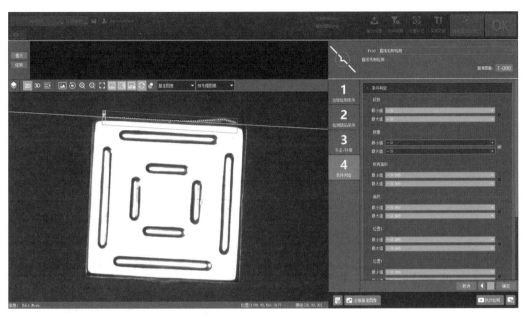

图8-28　判定条件数量设置

（4）4条边的检测结果。

该产品的4条边中，左侧边缘检测结果为OK，上、下边缘存在凸起毛刺，右侧边缘存在凹陷，结果如图8-29。

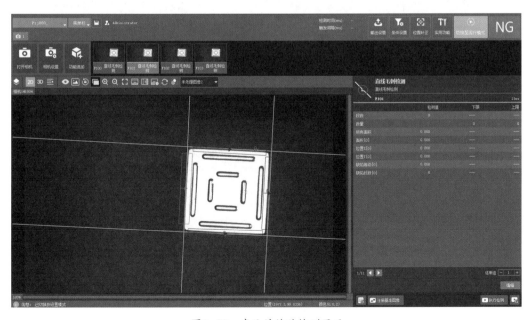

图8-29　产品的缺陷检测显示

4. 能力提升

（1）"缺陷检测方向"参数，"+"方向为边缘检测的正方向，"-"方向为边缘检测的反方向，若要检测直线上凹凸点的缺陷，则需设置"+/-"方向，否则只能检测一边的缺陷，如图8-30至图8-33所示。

图8-30　缺陷检测方向为"-"时无法检出凸点

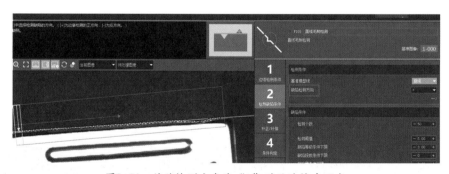

图8-31　缺陷检测方向为"+"时无法检出凹点

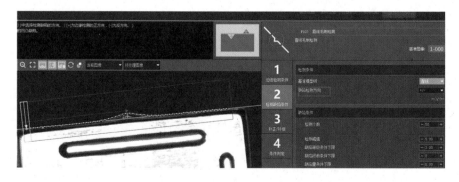

图8-32　缺陷检测方向为"+/-"，可检出凹凸点1

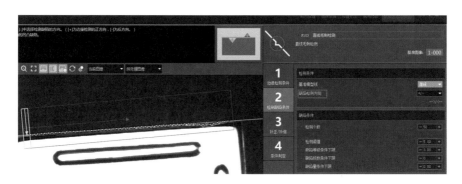

图8-33　缺陷检测方向为"+/-"，可检出凹凸点2

（2）设置检测缺陷条件参数，合理设置条件判定参数，排除误判的情况。毛刺判定的4个参数之间是"与"的关系，只要有一个不满足条件，即被判定为毛刺。

五、相关知识与技能

（1）在检测范围内存在一定浓度差的位置作为瑕疵、污点进行识别，并输出瑕疵、污点的大小。另外，还能将连续的段群进行分组，检测出瑕疵的个数及其相对应的位置。毛刺是从复数边缘信息计算出轮廓基准模型线后，以其为基准，将变化较大的位置作为缺陷进行检测识别。

（2）"瑕疵"工具参数的说明，详见表8-1。

（3）"直线上毛刺"工具参数的说明，详见表8-2。

（4）"圆环上毛刺"工具参数的说明，详见表8-3。

表8-1　"瑕疵"工具及其参数的含义

参数名称	参数说明
检测方向	设定检测范围内的扫描方向； XY：检测X与Y方向的浓度差； 该选择项目适用于平整表面工件的检测
缺陷等级	在检测范围内存在一定以上浓度差的位置作为瑕疵、污点进行识别，并输出瑕疵、污点的总瑕疵量；另外，还能将连续的段群进行分组，检测出瑕疵的个数以及每一个位置
是否排除边界	可将存在于检测范围边界线附近的瑕疵组排除在检测对象之外；设定有效后能去除检测范围内不需要的背景
瑕疵大小	在检测范围内设定扫描的瑕疵大小

（续表）

参数名称	参数说明
移动量	设定检测段平均浓度时的移动量；设定数值越大，检测范围越广
面积	无法检测大于面积上限值或小于下限值的斑点
圆形度	无法检测大于圆形度上限值或小于下限值的斑点；圆形度取值范围为0～1，越接近1，检测对象形状越接近圆
等价椭圆主轴长	无法检测大于等价椭圆主轴长上限值或小于下限值的斑点
等价椭圆长轴/短轴	无法检测大于等价椭圆长轴/短轴比上限值或小于下限值的斑点
标签顺序	选择检测到的复数个组时的编号方法； $Y>X$升序： 以Y轴的升序编号。当相同的Y坐标上存在复数斑点时则以X轴的升序编号
判定标签	设定判定对象的斑点 指定：选择"指定"并设定判定对象斑点的号码；仅该号码的斑点作为判定对象

表8-2　"直线上毛刺"工具及其参数的含义

参数名称		参数说明
边缘检测条件	趋势方向	从"上到下"与"左到右"中选择检测边缘的检测方向
	检测方向	当趋势方向选择"上到下"时，从"左到右"和"右到左"中选择边缘检测的方向；当趋势方向选择"左到右"时，从"上到下"和"下到上"中选择边缘检测的方向
	边缘方向	设定检测边缘的明暗变化方向，从"明到暗""暗到明""双方向"中选择
	边缘敏感度	将浓淡变化最大的位置作为100%时，设定识别边缘的敏感度数值；小于该值的边缘将不被识别；使用该设定便于排除干扰
	边缘平滑	可以平均化边缘强度波形；通过排除边缘干扰的设定，可减少由于干扰成分影响而发生的边缘误检
	边缘强度下限	设定检测边缘的下限值，不检测小于该下限值的边缘；参照边缘强度波形左边所显示的最大边缘强度值来调整下限的话，可以将多余的边缘排除在检测之外
	段大小	设定检测边缘段的大小；如果段设定较大可能无法检测到细微的变化，但是便于进行排除干扰的检测
	移动量	设定检测边缘的段往趋势方向移动的位置量；移动量设定较小时处理时间会加长，但是能在范围内检测到更多的点数

（续表）

参数名称		参数说明
边缘检测条件	最大段数	设定可检测的最大数，请尽量将数值设定大于检测的段数，段数会随着检测范围、段大小、移动量的设定而发生变化
	边缘波形段编号	设定段的位置、边缘强度波形、边缘强度数值以及边缘检测位置的画面显示对象段
检测缺陷条件	缺陷检测方向	从"+""－""+/－""+/－（个别）"中选择检测缺陷的方向（"+"为边缘检测的正方向，"－"为反方向） "+/－"：检测"+/－"两个方向的凹凸缺陷
	检测阈值	定义从基准模型线开始的距离（像素数），并检测超过其范围的缺陷
	缺陷等级条件下限	不检测小于缺陷等级下限值的缺陷
	缺陷段数条件下限	不检测小于缺陷段数下限值的缺陷
	缺陷量条件下限	不检测小于缺陷量下限值的缺陷

表8-3　"圆环上毛刺"工具及其参数的含义

参数名称	参数说明
检测方向	设定范围（段）内的边缘扫描方向，从"圆心到外圆""外圆到圆心"中选择
边缘方向	设定检测边缘的明暗变化方向，从"明到暗""暗到明""双方向"中选择
边缘敏感度	将浓淡变化最大的位置作为100%时，设定识别边缘的敏感度数值；小于该值的边缘将不被识别；使用该设定便于排除干扰
排除边缘干扰	可以平均化边缘强度波形；通过排除边缘干扰的设定，可减少由于干扰成分影响而发生的边缘误检
边缘强度下限	设定检测边缘的下限值，不检测小于该下限值的边缘；参照边缘强度波形左边所显示的最大边缘强度值来调整下限的话，可以将多余的边缘排除在检测之外
起始角度	从检测范围的开始端指定第一个段的偏移量（角度）
段大小	设定检测边缘段的大小；如果段设定较大可能无法检测到细微的变化，但是便于进行排除干扰的检测
最大段数	设定可检测的最大数，尽量将数值设定大于检测的段数，段数会随着检测范围、段大小、移动量的设定而发生变化

机器视觉
入门与实战

六、思考与练习

（1）工件表面上的划痕或脏污检测一般使用的检测工具为（　　　）。

A. 瑕疵　　　　　　　　　B. 直线上毛刺

C. 曲线上毛刺　　　　　　D. 圆环上毛刺

（2）直线上毛刺绘制ROI后，首先要调节参数（　　　）。

A. 缺陷等级条件　　　　　B. 边缘敏感度

C. 趋势方向　　　　　　　D. 检测数量

（3）调节哪类参数，可以排除一些误检的缺陷（　　　）。

A. 趋势方向　　　　　　　B. 检测方向

C. 缺陷条件　　　　　　　D. 标签顺序

（4）调节边缘敏感度、边缘平滑、边缘强度下限时使用什么工具查看（　　　）。

A. 段大小　　　　　　　　B. 波形图

C. 预处理　　　　　　　　D. 主界面显示

参考答案：（1）A　　（2）C　　（3）C　　（4）B

任务7　字符识别
——以家电行业为例

　　本任务将基于机器视觉的基本原理，完成商品或包装上的文字识别。模式识别（pattern recognition）是指对表征事物或现象的各种形式的（数值的、文字的和逻辑关系的）信息进行处理和分析，对事物或现象进行描述、辨认、分类和解释的过程，是信息科学和人工智能的重要组成部分。

　　利用高速CCD摄像机得到条码的图像，通过几何转换、滤波去噪、阈值处理等有效的图像处理和快速模式识别方法，结合优化设计的条码码制数据库，实现对一些包装、产品表面的条形码、二维码、字符和流水线物品条码的快速、精确识读。本任务主要学习字符识别的原理及熟练运用条形码、二维码工具和字符工具。

一、任务背景

　　家用电器主要指在家庭及类似场所中使用的各种电器和电子器具，又称民用电器、日用电器。家用电器使人们从繁重、琐碎、费时的家务劳动中解放出来，为人类创造了更为舒适优美、更有利于身心健康的生活和工作环境，提供了丰富多彩的文化娱乐条件，已成为现代家庭生活的必需品。

　　在家电行业的生产过程中，需要将检测对象上印刷的字符识别出来。例如，为了产品的可追溯性，经常需要在每个产品上贴上一个序列号，因此需要读取这个序列号来实现追溯和控制。而使用喷墨式打印机标明生产日期或生产批次的代码时，虽然这种打印机能够快速打印，但是连续不断地使用会导致打印的质量下降，打印后期会出现代码不一致或者根本没有代码的情况。在要求严格的家电行业中，绝不允许出现缺失或不可读的代码。由于机器视觉OCR字符识别系统能够帮助识别商品在离厂之前是否都印有符合规定的符号及字符串，故可为供货商保驾护航。

　　在HCvisionQuick机器视觉软件中可以使用条形码、二维码、字符工具对产品标签进行识别。

（1）掌握"条形码"的原理及检测方法。

（2）掌握"二维码"的原理及检测方法。

（3）掌握"字符识别"的基本原理及处理流程。

（1）掌握HCvisionQuick机器视觉软件的基础按键和机器视觉的基本原理。

（2）条形码也称为一维码，由宽度不等的黑白条组成，按照特定的编码规则编制，用来表达一组数字、字母信息。图像处理中根据计算不同黑白条的像素宽度，然后按照编码规则解析，即可实现条形码的识别。条形码类型很多，例如，用于商标标识的EAN码，用于行业内部管理的CODE39码等，如图9-1所示。

（a）EAN13码

（b）CODE39码

图9-1 条形码类型示例

EAN13条形码由13位数字构成，其中第一位为前置码，最后一位为校验符。

条码格式如图9-2所示，按区域划分：由左侧空白区、起始符、左侧数据符、中间分隔符、右侧数据符、检验符、终止符、右侧空白区及供人识别字符组成。

图9-2 区域划分

任务7 字符识别
——以家电行业为例

本任务将基于机器视觉的基本原理，完成商品或包装上的文字识别。模式识别（pattern recognition）是指对表征事物或现象的各种形式的（数值的、文字的和逻辑关系的）信息进行处理和分析，对事物或现象进行描述、辨认、分类和解释的过程，是信息科学和人工智能的重要组成部分。

利用高速CCD摄像机得到条码的图像，通过几何转换、滤波去噪、阈值处理等有效的图像处理和快速模式识别方法，结合优化设计的条码码制数据库，实现对一些包装、产品表面的条形码、二维码、字符和流水线物品条码的快速、精确识读。本任务主要学习字符识别的原理及熟练运用条形码、二维码工具和字符工具。

一、任务背景

家用电器主要指在家庭及类似场所中使用的各种电器和电子器具，又称民用电器、日用电器。家用电器使人们从繁重、琐碎、费时的家务劳动中解放出来，为人类创造了更为舒适优美、更有利于身心健康的生活和工作环境，提供了丰富多彩的文化娱乐条件，已成为现代家庭生活的必需品。

在家电行业的生产过程中，需要将检测对象上印刷的字符识别出来。例如，为了产品的可追溯性，经常需要在每个产品上贴上一个序列号，因此需要读取这个序列号来实现追溯和控制。而使用喷墨式打印机标明生产日期或生产批次的代码时，虽然这种打印机能够快速打印，但是连续不断地使用会导致打印的质量下降，打印后期会出现代码不一致或者根本没有代码的情况。在要求严格的家电行业中，绝不允许出现缺失或不可读的代码。由于机器视觉OCR字符识别系统能够帮助识别商品在离厂之前是否都印有符合规定的符号及字符串，故可为供货商保驾护航。

在HCvisionQuick机器视觉软件中可以使用条形码、二维码、字符工具对产品标签进行识别。

二、能力目标

（1）掌握"条形码"的原理及检测方法。

（2）掌握"二维码"的原理及检测方法。

（3）掌握"字符识别"的基本原理及处理流程。

三、知识准备

（1）掌握HCvisionQuick机器视觉软件的基础按键和机器视觉的基本原理。

（2）条形码也称为一维码，由宽度不等的黑白条组成，按照特定的编码规则编制，用来表达一组数字、字母信息。图像处理中根据计算不同黑白条的像素宽度，然后按照编码规则解析，即可实现条形码的识别。条形码类型很多，例如，用于商标标识的EAN码，用于行业内部管理的CODE39码等，如图9-1所示。

EAN13条形码由13位数字构成，其中第一位为前置码，最后一位为校验符。

条码格式如图9-2所示，按区域划分：由左侧空白区、起始符、左侧数据符、中间分隔符、右侧数据符、检验符、终止符、右侧空白区及供人识别字符组成。

（a）EAN13码

（b）CODE39码

图9-1　条形码类型示例

图9-2　区域划分

按代码划分（以图9-2为例，举例条码随意生成）：前三位211为国家代码；紧接着的2345为厂商代码；后面的67891为产品代码；最后一位7为校验码。

（3）相比于只在一个维度上携带信息的条形码，二维码在水平和垂直两个维度上都携带了信息，按一定规律在平面分布黑白相间的图形记录数据符号。从形式上二维码分为堆叠式二维码和矩阵式二维码，堆叠码在一维码的基础上，将多个条形码堆积在一起进行编码，如PDF417码；矩阵式二维码是在一个矩阵空间中通过黑色和白色的方块进行信息表示，黑色方块表示二进制的"1"，白色方块表示二进制的"0"，通过两者的组合排布表示一系列信息，如生活中应用最广泛的QR码和DM码，如图9-3所示，通过软件可正确读取。

图9-3 二维码类型示例

（4）字符识别是通过图像处理技术将印刷文字、数字或字母从背景中提取出来，转换成计算机可以接受、人可以理解的格式。字符识别的一般步骤如图9-4所示。

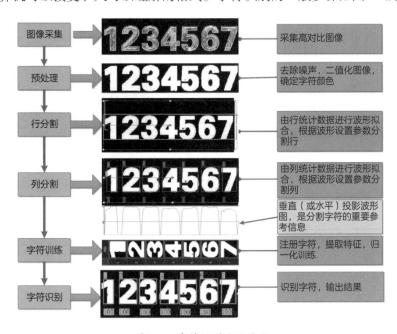

图9-4 字符识别处理流程

 四、任务实操：家电标签识别

1. 活动内容

（1）使用"条形码"工具识别多种码制类型，如CODE128、CODE39、EAN13。

（2）"二维码"工具识别QR码和DM码。

（3）"字符"工具能正确识别字符09240A。

（4）效果展示图。

①条形码支持多种码制的识别，如CODE128、CODE39、EAN13等，分别添加3个"条形码"工具，调节对应的码制参数，效果如图9-5所示，3种码制的条码都可以正常识别，显示为多工具的复数界面。

图9-5　不同码制条形码的识别效果显示

②二维码可识别QR码、DM码，添加3个"二维码"工具分别设置读取，效果如图9-6所示。

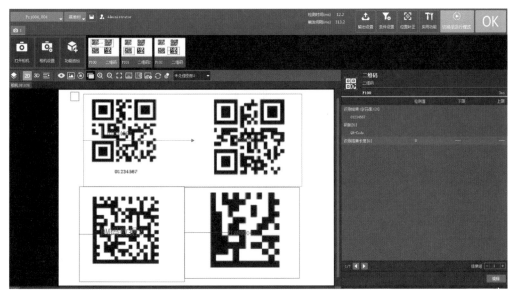

图9-6　不同码制的二维码识别效果显示

③字符识别的效果，能正确识别字符09240A，判定完全匹配的字符图片才显示为OK状态，若为不同的字符，判定为NG状态，如图9-7至图9-9所示。

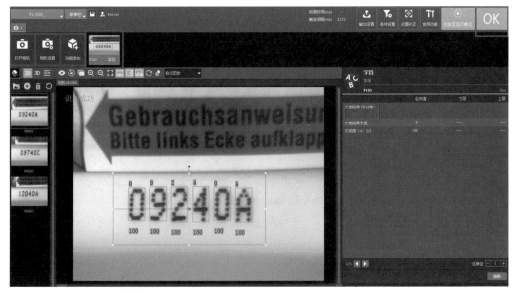

图9-7　字符识别OK图

图9-8　字符识别判定NG图（1）

图9-9　字符识别判定NG图（2）

2. 活动流程

活动流程如图9-10所示。

加载图片　→　添加识别工具　→　参数调节　→　检测结果

图9-10　家电标签识别活动流程

3. 操作步骤

实操1：条形码字符识别工具。

（1）加载图片。

①加载被测图片，如图9-11所示。

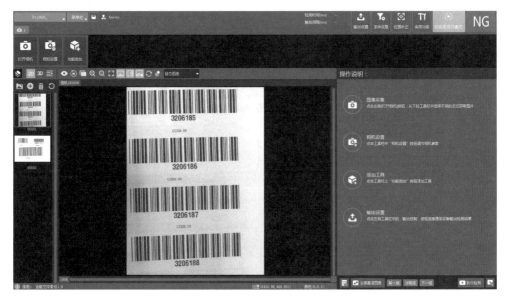

图9-11 加载图片

②点击"注册基准图像"，出现如图9-12界面，点击"注册"按钮。

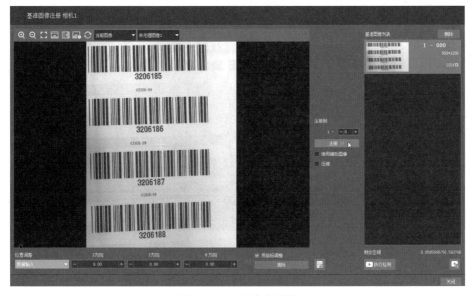

图9-12 注册基准图像

（2）添加"条形码"工具，并绘制ROI（划定检测范围）。

①点击"功能追加"，点击"识别"，找到"条形码"工具，如图9-13所示。

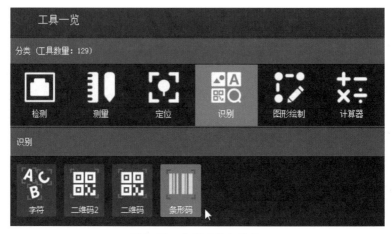

图9-13　条形码添加路径

②双击"条形码"工具，添加此工具并绘制ROI（划定检测范围），如图9-14、图9-15所示。

图9-14　添加工具并绘制ROI

由于条码识别是以黑白条的宽度作为计算对象，那么在划定检测范围时只需截取到所有条码的局部段即可，而不需要覆盖到整个条码。

图9-15 划定检测范围

（3）调节条形码参数。

①点击"条形码选项"，调节条形码类别参数，读取什么码制的条形码，设置相对应的码制。软件支持CODE128、CODE39、EAN13、UPC-A、UPC-E、CODEBAR。如CODE39码制，如图9-16所示。

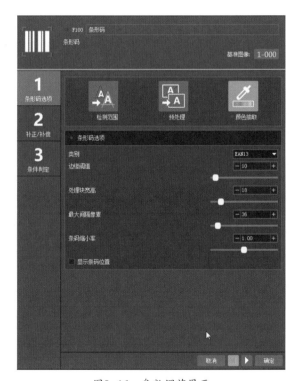

图9-16 参数调节界面

②条形码码制设置后，界面上已经出现读码结果，如图9-17所示。

图9-17　条形码读取结果

③进入"检测范围",如图9-18所示。可以添加多个同一码制的检测ROI,也可以添加屏蔽ROI,如图9-19、9-20所示。

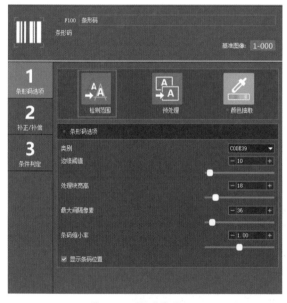

图9-18　检测范围

图9-19　手动添加ROI

④进行判定条件参数的设置,可以对事先注册的内容进行合格与否的判定,如图9-21所示。

图9-20　判定条件参数的设置

（4）不同码制的条形码的检测结果，如图9-21、图9-22、图9-23所示。

图9-21　条形码检测显示OK（1）

图9-22　条形码检测显示OK（2）

图9-23　条形码检测显示NG

实操2：二维码工具的识别。

（1）加载图片，并注册其基准图像，如图9-24所示。

图9-24　加载图片

（2）添加"二维码"工具，并绘制ROI（划定检测范围）。

①点击"功能追加"，在工具中找到"二维码"工具，如图9-25所示。

图9-25　添加"二维码"工具路径

②双击"二维码"，并绘制ROI（划定检测范围），如图9-26所示。

图9-26 添加工具，并绘制ROI

（3）调节工具参数。

①点击"二维码选项"，"二维码码制"默认参数为QR码，选择被测物的相应码制，设置为DM码，如图9-27所示。

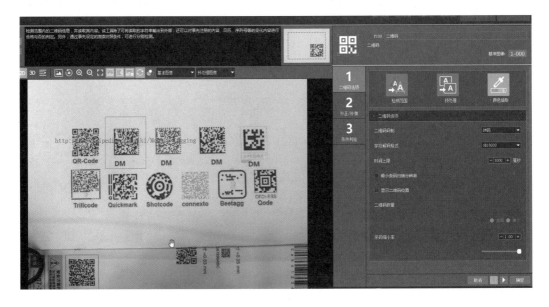

图9-27 DM码显示

②设置"二维码数量"为全部，QR码还能支持一个ROI识别多个码制，如图9-28所示。

图9-28 识别多个QR码

③此工具还支持识别黑底白码的图片，如图9-29所示。

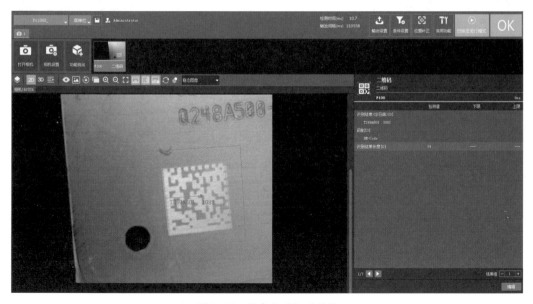

图9-29 黑底白码识别结果

（4）不同码制的二维码（如QR码、DM码），分别添加工具并调节参数后，界面上已经给出读码结果，如图9-30、图9-31所示。

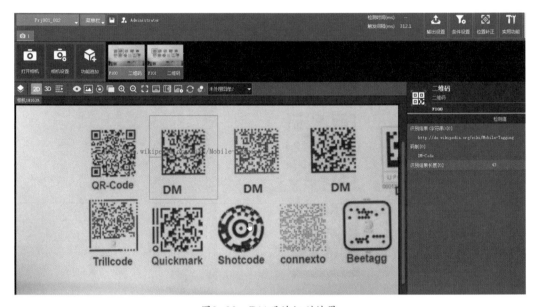

图9-30　DM码的识别结果

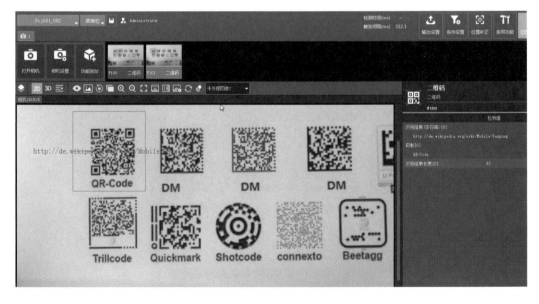

图9-31　QR码的识别结果

实操3：字符识别工具。

（1）加载图片，并注册其基准图像，如图9-32所示。

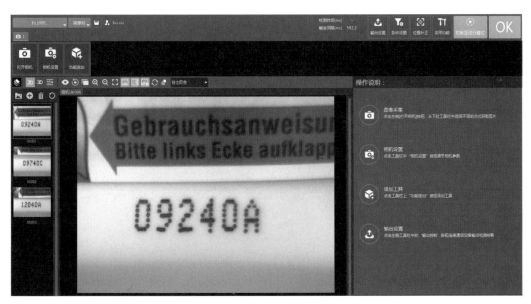

图9-32　加载图片

（2）点击"功能追加"，点击"识别"，找到"字符"工具，如图9-33所示。双击"字符"工具，添加此工具并绘制ROI（划定检测范围），如图9-34所示。

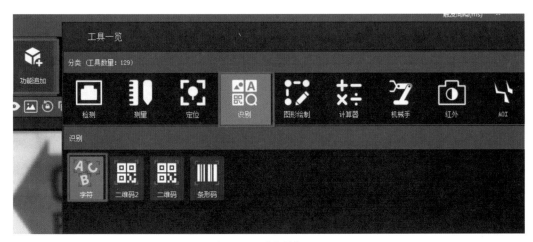

图9-33　"字符"工具

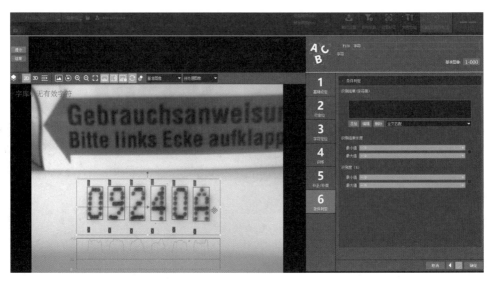

图9-34　添加工具并绘制ROI

（3）工具参数调节。

①分别于"基础设定""行定位""字符定位"及"训练"中适当调节参数。图像显示切换为稳态图像，点击"基础设定"界面，如图9-35所示。

字符颜色：比较字符与背景，设定字符的识别色，支持白色和黑色两种。

切割模式：选择"自动切割"，以检测范围的投影波形为基础，设定字符的切割位置。

"固定切割"，无法正常进行自动切割，或类似以下情况：无法通过投影波形判断字符的边界；字符未配置在同一行位置上。

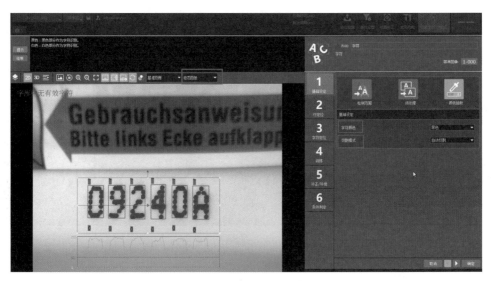

图9-35　"基础设定"界面

②点击"行定位"界面下的">>"，进入关于行分割的更多参数设置界面，将"行高度"设置为90%，"行分割波形阈值"为60，其他参数不变，分割出正确的行高度。调节行高度，行分割波形阈值，确认字符投影波形中红色虚线的大小和字符行切割框（绿框）的变化，如图9-36所示。

图9-36 "行定位"参数设置界面

③点击"字符定位"界面下的">>"，进入关于列分割的更多参数设置界面，调节工具的不同参数，将各个字符正确分割出来。从图9-37中可以看到分割结果良好，所以其他参数保持默认。

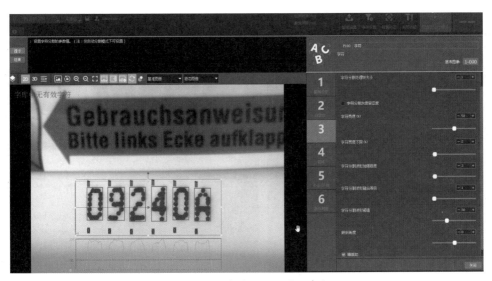

图9-37 "字符定位"界面参数

④点击"训练"界面下的"注册"按钮，在弹出的注册字符对话框中选择"批量注册"，在"训练字符内容"一栏输入字符"09240A"，点击"注册"，如图9-38所示。

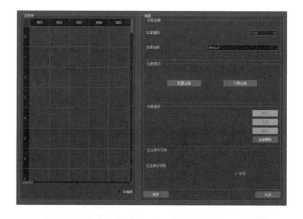

⑤进入注册界面，查看字库内是否已经有了字符。然后点击"保存"，提示保存成功，点击"关闭"，进入下一步，如图9-39所示。

批量注册：在"训练字符内容"框中输入对应字符，点击"注册"，提示训练状态。

图9-38 注册字符库

个别注册：点击"个别注册"按钮，通过方向按键选择需要注册的单个字符，点击注册表中对应的字符行，点击"注册"，提示训练状态。

⑥在条件判定中点击"添加"，输入"09"，点击"确定"，将"全文匹配"修改为"头匹配"，至此整个工具设置完成，点击"确定"退出编辑界面。如图9-40所示。

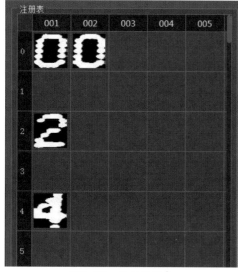

图9-39 显示注册表

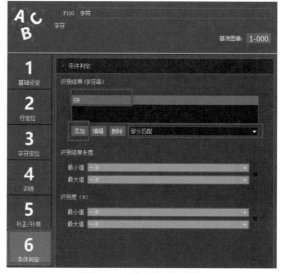

图9-40 条件判定设置

（4）查看检测结果。

①检测不同的图像，确定可以检测所有头两个字符为09的OK和不为09的NG图片，如图9-41、图9-42、图9-43所示。

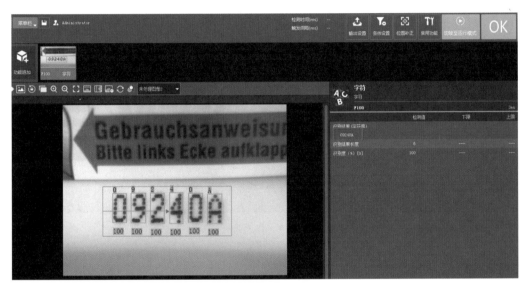

图9-41　显示字符识别结果

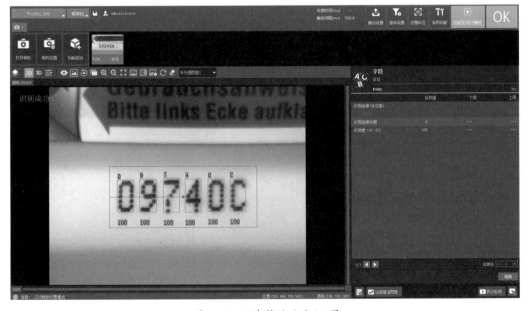

图9-42　09字符显示为OK图

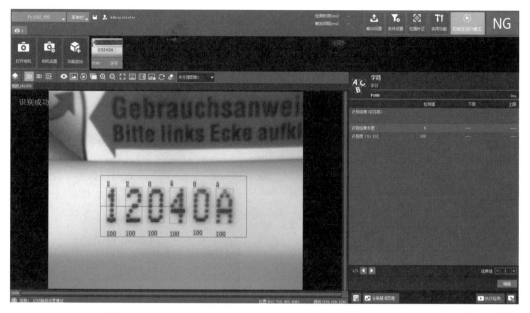

图9-43　12字符显示为NG图

　　②若判定条件设置完全与字符"09240A"匹配，则判定结果显示如图9-44、图9-45所示。

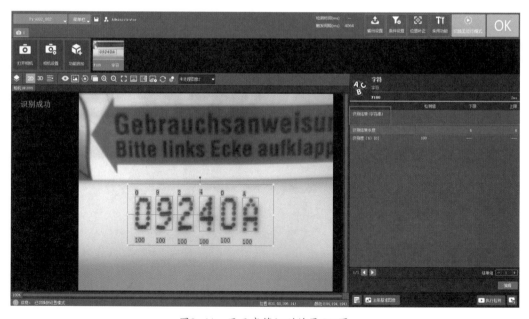

图9-44　显示字符识别结果OK图

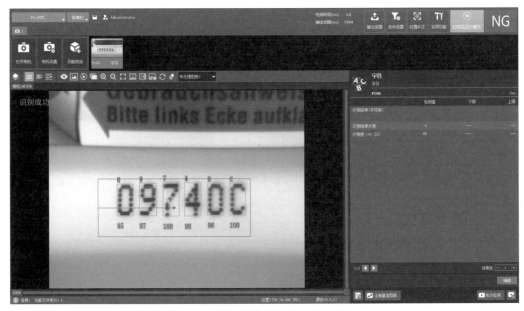

图9-45 显示字符识别结果NG图

4. 能力提升

条码无法被识别，添加"预处理"工具进行优化：在"预处理"界面中加载"灰度变换"工具，调节偏移量和斜率，直至识别出条码，如图9-46所示。

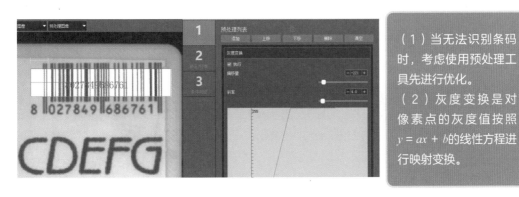

（1）当无法识别条码时，考虑使用预处理工具先进行优化。

（2）灰度变换是对像素点的灰度值按照 $y = ax + b$ 的线性方程进行映射变换。

图9-46 添加预处理工具改善图像对比度

五、相关知识与技能

（1）二维码信息组成原理，分为定位、分割、解码三个过程。字符识别是切割检测范围内的字符信息，训练注册后对照识别出图像内的字符串。条形码是图像根据计

算不同黑白条的像素宽度，然后按照编码规则解析识别的原理。熟悉掌握几个识别工具的使用操作流程和方法，通过实践操作可运行工具实现字符识别。

（2）"条形码"工具参数的说明，详见表9-1。

（3）"二维码"工具参数的说明，详见表9-2。

（4）行定位界面下的参数，详见表9-3。

（5）字符定位界面下的参数，详见表9-4。

（6）训练界面下其他参数含义，详见表9-5。

表9-1　"条形码"工具及其参数的含义

参数名称	参数说明
类别	选择条形码类别。支持CODE128、CODE39、EAN13、UPC-A、UPC-E、CODEBAR
边缘阈值	排除小于边缘强度（阶段变化）下限值的边缘轮廓
处理块宽高	设置处理块的宽高。一般情况下该值应略高于最大间隔像素值的一半
最大间隔像素	设置条码的各条纹的最大间隔像素
条码缩小率	如果图片中的条码较大，可适量将该值调小
显示条码位置	勾选可显示条码位置

表9-2　"二维码"工具及其参数的含义

参数名称	参数说明
二维码码制	选择二维码类别。支持QR码、DM码
字符解码格式	选择二维码字符解码方式。支持GB18030、UTF-8、ASCII、GBK
时间上限	检测二维码时间，超过设置上限时间未检测出结果，判其NG
最小条码扫描分辨率	勾选设置最小的二维码扫描分辨率
显示二维码位置	勾选显示二维码位置
二维码数量	检测二维码的数量

表9-3　行定位界面下的参数含义

参数名称	参数说明
行分割处理块大小	用于处理像素块的大小；字符越大该值也应越大
行分割灰度容忍度	用于识别过程中的去除字符存在的毛刺噪声；此参数在未勾选时，系统会自动计算一个阈值，勾选后，用户可自行设置阈值
行高度(%)	用于设定字符的行高；百分比是依据ROI的高度进行设置
行高下限(%)	用于设定行高的下限；百分比是依据ROI的高度进行设置
行分割波形加强程度	行分割波形图的加强程度；数值越大，可提升波形差异度
行分割波形融合等级	针对点状字符使用；数值越大，对间断的波形连接效果越好
行分割波形阈值	用于设定行分割的阈值，高于该阈值为一行
倾斜	勾选后会自动识别有倾斜的行
行选择	识别出多行结果，用于选择下一步字符分割要处理的行

表9-4　字符定位界面下的参数含义

参数名称	参数说明
字符分割处理块大小	用于处理像素块的大小；字符越大该值也应越大
字符分割灰度容忍度	用于识别过程中的去除字符存在的毛刺噪声；此参数在未勾选时，系统会自动计算一个阈值，勾选后，用户可自行设置阈值
字符宽度(%)	用于设定字符的宽度；百分比是依据ROI的宽进行设置
字符宽度下限(%)	用于设定字符宽度的下限；百分比是依据ROI的宽进行设置
字符分割波形加强程度	用于调整字符分割波形图的加强程度；数值越大，可提升波形差异度
字符分割波形融合等级	针对点状字符使用；数值越大，对间断的波形连接效果越好
字符分割波形阈值	用于设定字符分割的阈值，高于该阈值为一个字符
倾斜角度	可设定字符的倾斜角度，范围[-60°，60°]
精裁切	勾选后，字符分割的结果紧贴字符宽高；不勾选，则分割结果的高度一致为行高

表9-5　训练界面下其他参数含义

参数名称	参数说明
字库编号	每个字库对应一个唯一的字库编号
字库名称	每个字库的名称，可重复
批量注册	将分割结果一次性全部注册到字库中
个别注册	将分割结果中的某个字符注册到字库中
有效	将字库中的某个字符图片设置为有效，参与识别
无效	将字库中的某个字符图片设置为无效，不参与识别
删除	删除字库中的某个元素
全部删除	将当前字库清空
保存	保存当前修改后的字库状态
半透明	将注册窗口设置为半透明的
关闭	关闭当前的注册窗口

六、思考与练习

（1）"条形码"工具检测时，首先要调节并核对的参数为（　　）。

A．边缘阈值　　　　　　　B．最大间隔像素

C．码制类别　　　　　　　D．显示条形码位置

（2）"字符识别"工具分割时，显示情况查看辅助工具为（　　）。

A．波形阈值　　　　　　　B．波形图

C．自动分割　　　　　　　D．基准图像

（3）字符识别结果判定条件设置，只判定部分相同的参数是（　　）。

A．头匹配　　　　　　　　B．全部匹配

C．部分匹配　　　　　　　D．输入部分判定字符

参考答案：（1）C　　（2）B　　（3）C

任务8 图形检索——以3C电子行业为例

　　本任务将基于模板匹配的图形检索在工业中的实际应用，在视觉定位检测系统中，能够准确识别产品的方向和位置是系统的核心。定位检测可分为两个步骤，第一步，制作标准模板，第二步，搜索。主要实现使用模板匹配的原理和创建模板的生成流程。根据产品需求的不同，分别运用了"轮廓有无""轮廓定位"和"图形计数"工具来进行试验，并通过调节不同参数，可以达到预期的检测结果目标。通过本任务的操作学习，掌握并熟练运用图形搜索类的工具，实现产品定位和检测。

一、任务背景

　　在工业生产中，利用机器视觉对部件或产品进行定位。这种定位应用多会辅助机器人或者其他执行机构以实现相关的动作。定位可协助机器人实现喷漆、涂胶、抓取、焊接等动作。产品的有无检测、同一产品相似度质量检测、图形搜索匹配度检测等项目都可实现，尤其是在3C电子行业中。

　　3C电子产品即计算机（computer）、通信（communication）和消费电子产品（consumer electronic）三类电子产品的简称。其中，最先进的集成电路是微处理器或多核处理器的核心，可以控制计算机到手机到数字微波炉的一切。集成电路的性能很高，因为小尺寸带来短路径，使得低功率逻辑电路可以在快速开关速度应用。

　　通过HCvisionQuick机器视觉软件可以实现对3C电子产品的定位。使用定位模块中的轮廓位置、图形位置等工具，找到目标物体，并输出所有目标物体的坐标和角度。即使目标物体存在欠缺、重叠以及表面的变化，仍然能够被检测。

二、能力目标

　　（1）了解模板匹配的实现原理与基本流程。

　　（2）掌握"轮廓定位"的基本原理及检测方法。

（3）掌握"图形计数"的基本原理及检测方法。

三、知识准备

（1）掌握HCvisionQuick机器视觉软件的基础按键和机器视觉的基本原理。

（2）掌握基本的轮廓类工具的选择，能够根据需求不同选择工具的概念。

（3）了解基本的图像处理概念，对提取产品的关键特征有清晰认知。

（4）通过提取良品的关键特征，创建模板图像，然后在采集的每幅图像中寻找和模板图像最相似的区域，并输出该区域的位置、角度和相似度等信息，做后期的应用处理。

（5）常用的图形检索方法是基于轮廓的模板匹配，其一般的处理流程如图10-1所示。

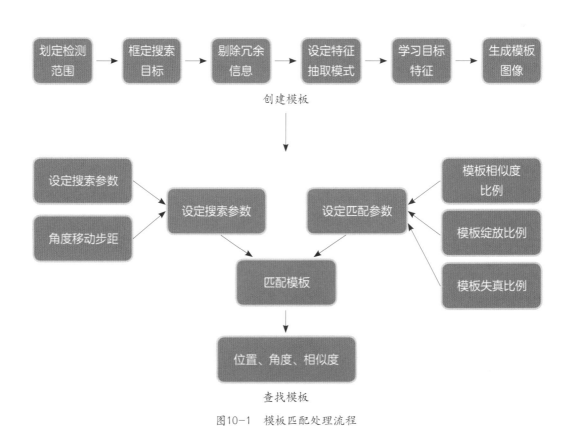

图10-1　模板匹配处理流程

四、任务实操：手机芯片定位

1. 活动内容

（1）通过"轮廓有无"工具判断芯片的方向、有无。

（2）"轮廓位置"工具搜索芯片，根据角度不同，检测芯片结果。

（3）通过"图形位置"工具搜索相同类型的产品，使用相似度参数判定产品的结果。

（4）效果展示图。

通过"轮廓有无"工具判断芯片的方向、有无，效果如图10-2所示。

（a）OK图

（b）NG图（一个芯片方向反）

（c）NG图（一个芯片方向反，一个无芯片）

（d）NG图（一个芯片方向反，一个无芯片）

图10-2 芯片方向及有无检测效果图

通过"轮廓位置"工具搜索芯片，根据角度不同，确定芯片检测结果，效果如图10-3所示。

（a）角度为0度

（b）角度为-45度

图10-3 根据角度不同定位芯片位置

通过"图形位置"工具搜索相同类型的产品，使用相似度参数判定产品的结果，效果如图10-4所示。

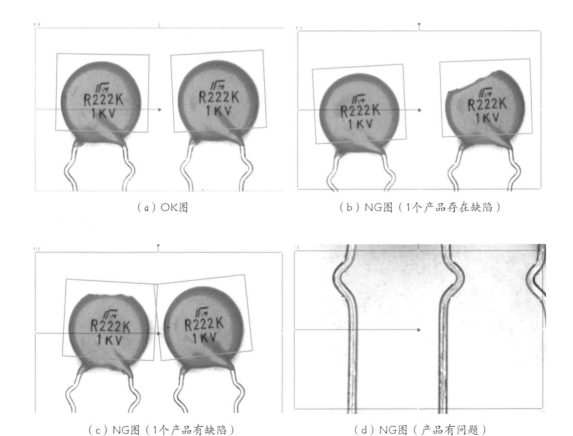

（a）OK图

（b）NG图（1个产品存在缺陷）

（c）NG图（1个产品有缺陷）

（d）NG图（产品有问题）

图10-4 产品检测计数显示效果图

2. 活动流程

活动流程如图10-5所示。

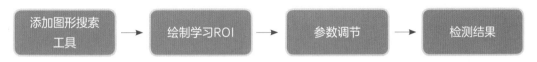

图10-5 手机芯片定位活动流程

3. 操作步骤

实操1："轮廓有无"工具判断芯片的方向、有无。

（1）添加图形搜索工具。

①加载图片，如图10-6所示。

图10-6 加载图片

②注册基准图像，点击"注册基准图像"，点击"注册"，点击"关闭"，如图10-7所示。

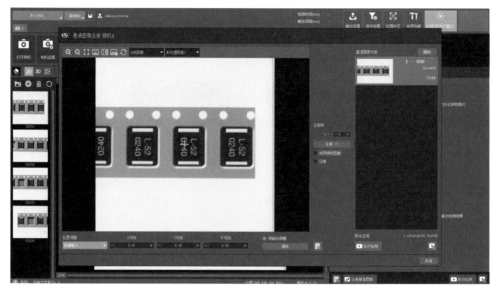

图10-7 注册基准图像

③添加"轮廓有无"工具，并绘制ROI（划定检测范围），如图10-8所示。检测ROI默认为旋转矩形，根据产品实际需求，绘制成圆形、圆环及圆弧等不同类型。

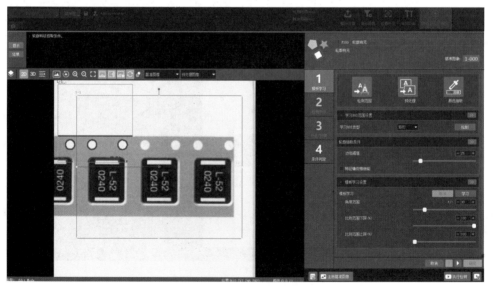

图10-8 绘制检测ROI

（2）绘制学习ROI。

点击"模板学习"，找到学习ROI类型，根据需要匹配的特征，选择需要的ROI形状绘制，如图10-9所示，根据芯片显示字符不同，选择正确的图形绘制学习ROI。点击

"学习ROI范围设置"后面 >> 的图标，可以进行学习屏蔽ROI设置，复杂图像可以绘制学习屏蔽ROI来进行轮廓抽取调整。

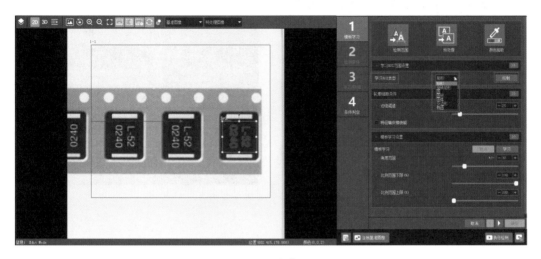

图10-9　绘制学习ROI

（3）调节参数。

点击"学习""检测条件"，进入如图10-10所示界面，可以看到学习ROI中显示的特征轮廓。调节其他参数，设置"检测个数"为3，"相似度下限"为60，"判定标签"选择为全部显示。

点击"条件判定"，设置判定条件中的"数量"参数，最大、最小值都为3，如图10-11所示。

图10-10　参数调节界面图

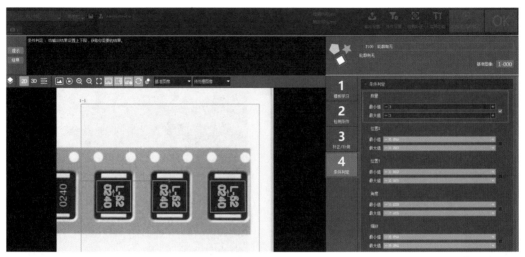

图10-11 判定条件参数设置

（4）查看检测结果。

右上角判定结果显示为OK状态，工具F100显示为绿色，如图10-12所示。

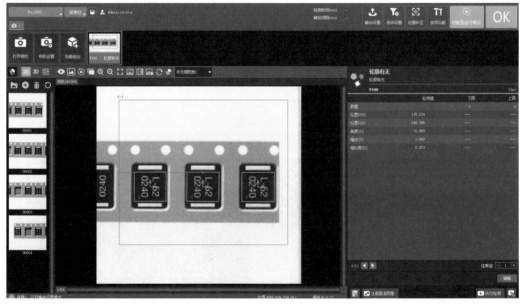

图10-12 轮廓有无检测OK结果

右上角判定结果显示为NG状态，工具F100显示为红色，工具判定栏显示数量为红色的数值，如图10-13、图10-14、图10-15所示。

图10-13　轮廓有无检测NG结果图（1）

图10-14　轮廓有无检测NG结果图（2）

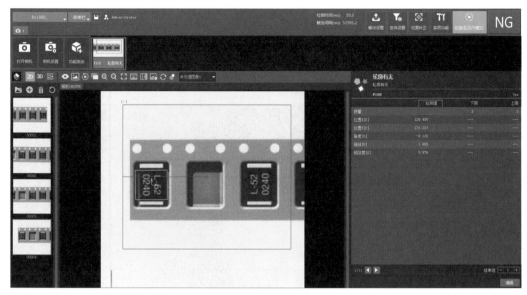

图10-15　轮廓有无检测NG结果图（3）

实操2："轮廓位置"工具搜索芯片，根据角度不同，检测芯片结果。

（1）加载被测图片，注册基准图像，添加"轮廓位置"工具，并绘制ROI（划定检测范围），如图10-16所示。

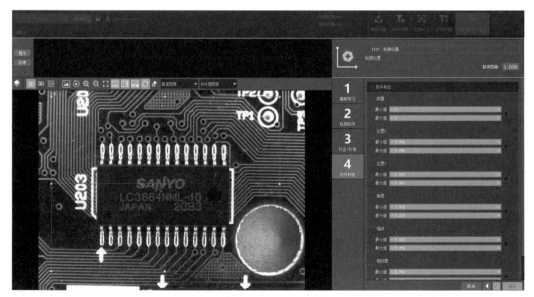

图10-16　绘制检测ROI

（2）绘制学习ROI，如图10-17所示。

图10-17 绘制学习ROI图

（3）参数调节。

①选择"特征橡皮擦使能"功能，点击"编辑"，进入橡皮擦界面，使用橡皮擦把干扰轮廓点擦掉，如图10-18所示。点击"学习"按钮，调节其他参数，如图10-19所示。

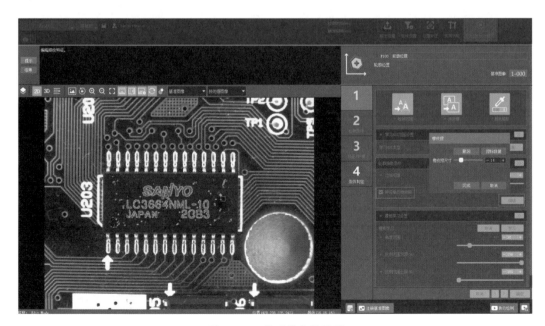

图10-18 使用橡皮擦设置

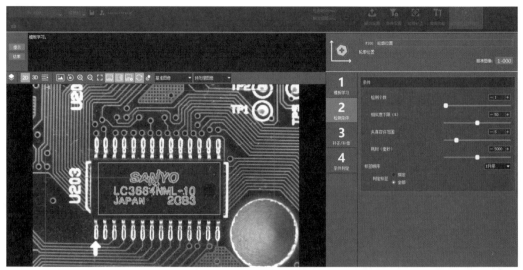

图10-19 学习模板

②角度范围参数：设定搜索对象呈现倾斜状态时"+/-"角度范围（"+"：顺时针；"-"：逆时针）。角度范围越小，搜索耗时越少。工具默认设置角度范围为±30°，超过此角度，无法检测到图形，如图10-20所示。条件判定设置数量为1，如图10-21所示。

图10-20 角度范围设置

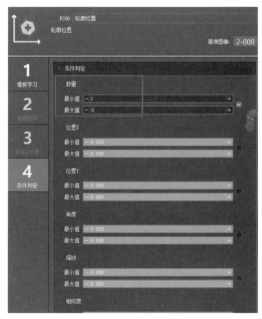

图10-21 判定条件参数的设置

（4）检测结果显示。

①默认角度范围参数为±30°，如图10-22显示OK的结果，如图10-23显示NG的结果。

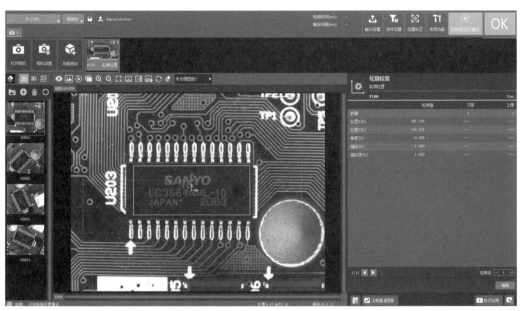

图10-22　检测结果OK图

图10-23　检测结果NG图

② "角度" 范围参数为 ±60°，设置完角度参数，需要重新点击"学习"，显示OK或NG的结果，如图10-24和图10-25所示。

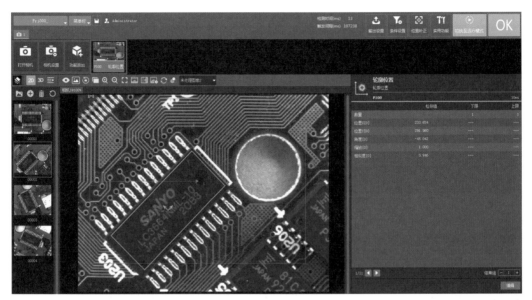

图10-24 检测结果OK图

图10-25 检测结果NG图

③如果检测产品角度变化很大，一般设置"角度"范围参数最大值为±180°，设置完角度参数，重新点击"学习"，显示OK的结果，如图10-26和图10-27所示。

图10-26　检测结果OK图（1）

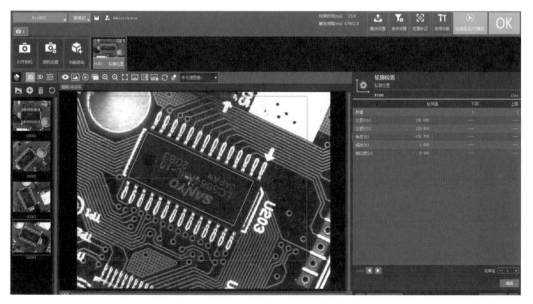

图10-27　检测结果OK图（2）

实操3：通过"图形位置"工具搜索相同类型的产品。

（1）添加"图形位置"工具，并绘制检测ROI，如图10-28所示。

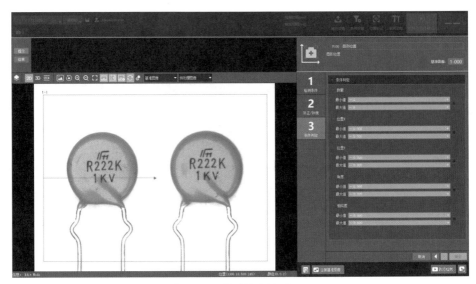

图10-28　图形位置检测ROI

（2）设置"图形位置"工具参数。

点击"检测条件"，添加学习ROI，设置"检测个数"为2，"相似度下限"为
80，点击"学习"，如图10-29所示。进入"条件判定"，设置"相似度"参数的上下
限为0.9和1.0，通过图形相似度去判定工具的OK和NG，图10-30所示。

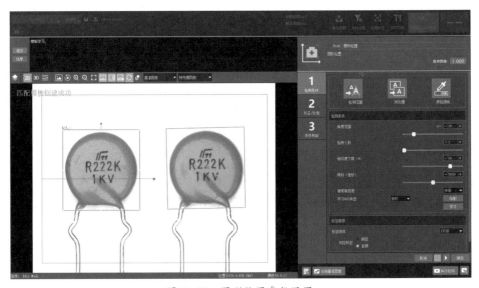

图10-29　图形位置参数设置

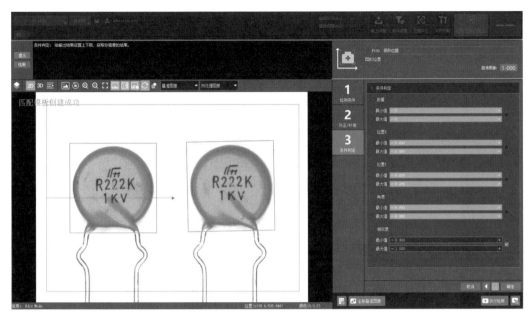

图10-30　图形位置判定条件设置

（3）检测结果显示。

①右上角综合判定结果显示为OK状态，"图形位置"工具显示如图10-31所示。

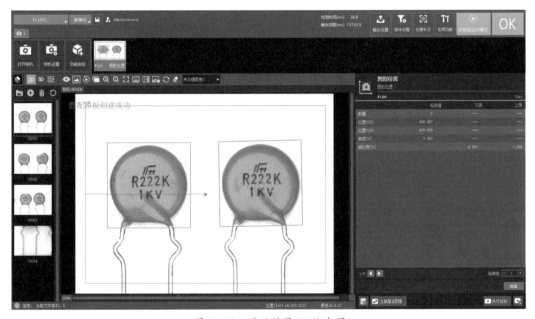

图10-31　显示结果OK状态图

②右上角综合判定结果显示为红色NG状态，图形位置显示为NG，如图10-32所示。

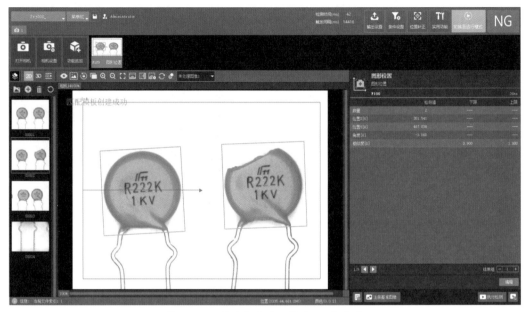

图10-32 图形位置显示结果NG状态图

4. 能力提升

（1）检测容器内随机摆放的黑棋数量，如图10-33所示，请看问题探讨内容。

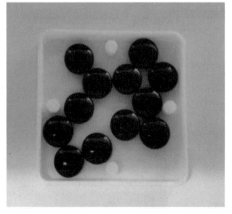

图10-33 黑棋计数

问题探讨

（1）黑棋表面光滑，容易反光，如何选择光源可以减少反光？

（2）随机摆放的黑棋之间可能存在相互紧贴的情况，采用何种视觉工具实现计数？

（2）调节光源和相机高度，采集清晰图像，如图10-34所示。

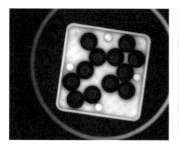

> 问题分析
> （1）碗光和同轴光尽管光线会相对均匀，但仍旧无法消除黑棋表面的反光。
> （2）使用阈值分割的"块状物计数"工具是无法实现计数的，因为极有可能无法将紧邻的黑棋分割出来。
> （3）应该使用"轮廓计数"工具检测。

图10-34　碗光下采集的图像

（3）使用"轮廓计数"工具检测结果，如图10-35所示。

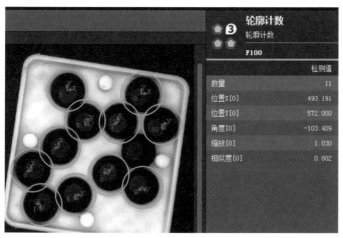

> 检测结果中存在一枚黑棋无法匹配的情况，如何处理？

> 当条件参数设置得尽量宽泛，仍无法匹配到所有对象时，可尝试采用预处理工具进行前期处理。

图10-35　检测结果界面显示

（4）添加阈值分割的预处理后的检测结果，如图10-36所示。

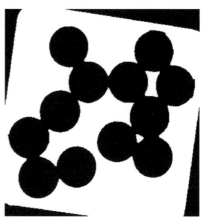

（a）使用阈值分割后的检测结果　　　　　　（b）阈值分割前期处理

图10-36　阈值分割预处理后的检测结果

五、相关知识与技能

（1）找到给定图像中与已注册的轮廓相似的物体，并输出所有目标物体的坐标和角度。即使目标物体存在欠缺、重叠以及表面的变化，仍然能够被检测。

（2）得不到预期检测结果时的解决方案。

①轮廓类工具边缘阈值参数调节，显示界面上可以看到轮廓特征的变化。

②针对存在角度旋转的图形，角度为核心参数，当无法找到匹配图像时，一般设置为最大角度。

③当匹配不到检测对象时，相似度下限是调节的主要参数，设置得过高容易匹配不到，设置得过低则会匹配错误。

④检测对象轮廓无法与模板完全一致，会存在一些失真变形，调高失真容许范围可以放宽匹配条件。

⑤当条件参数设置得宽泛，仍无法匹配到所有对象时，可尝试采用"预处理"工具进行前期处理。

（3）"轮廓位置"工具参数的说明，详见表10-1。

（4）"图形计数"工具参数的说明，详见表10-2。

表10-1　"轮廓位置"工具及其参数的含义

参数名称	参数说明
学习ROI类型	设定要搜索的轮廓范围
学习ROI范围设定	搜索与预先注册的轮廓信息最为相似的部分。由于使用了轮廓信息，还能够追踪检测对象的欠缺、重叠及表面状态的变化
边缘阈值	排除小于边缘强度（阶段变化）下限值的边缘轮廓。针对基准图像，设定其边缘强度下限，强度低于该下限值的边缘将被排除
特征橡皮擦使能	勾选有效时，可使用橡皮擦功能。在基准图像上指定任意位置，可将范围内的检测边缘作为干扰成分去除
高斯因子	用于抑制轮廓抽取中的细小杂乱边缘干扰，数值越大，抑制能力越强。默认设置为1
角度范围	设定搜索对象呈现倾斜状态时"+/−"角度范围（"+"：顺时针；"−"：逆时针）。角度范围越小，搜索耗时越短

（续表）

参数名称	参数说明
比例范围上下限	注册轮廓大小作为基准比例[1.0]，设定搜索对象的比例范围下限。比例范围越小，搜索耗时越短
检测个数	设定检测对象的最大个数
相似度下限	"相似度"显示搜索对象与注册模板的相似程度。相似度低于下限值的候选目标会被排除
失真容许范围	允许搜索对象轮廓与模板轮廓的差异程度（像素）。设定数值越大，差异容忍性越强，相似度越高，但搜索精度下降
耗时	设置处理时间的上限值。根据当前图像的状态，如果工具单体的处理时间超过了设定值，将作为超时错误处理，全部以[0]来进行输出
标签顺序	选择检测到复数对象时的编号方法
学习模板高级设置中的参数（高斯模式）	用于抑制干扰。抑制干扰能力（高斯>顶层高斯>无高斯）；搜索耗时（高斯≥顶层高斯≥无高斯）

表10-2　"图形计数"工具及其参数的含义

参数名称	参数说明
角度范围	设定搜索对象呈现倾斜状态时"+/－"角度范围（"+"：顺时针；"－"：逆时针）。角度范围越小，搜索耗时越短
检测个数	设定检测对象的最大个数
相似度下限	"相似度"显示搜索对象与注册模板的相似程度。相似度低于下限值的候选目标会被排除
耗时	设置处理时间的上限值。根据当前图像的状态，如果工具单体的处理时间超过了设定值，将作为超时错误处理，全部以[0]来进行输出
搜索敏感度	关于图形检测的项目。发生误检时请提高搜索敏感度。提高搜索敏感度可以改善检测的稳定性，但处理时间将会变长
学习ROI类型	设定要搜索的轮廓范围
标签顺序	选择检测到复数对象时的编号方法

六、思考与练习

（1）框定搜索目标的ROI为（　　　　）。

A. 检测ROI　　　　　B. 检测屏蔽ROI　　　　C. 学习ROI　　　　　D. 学习屏蔽ROI

（2）去除无关的特征信息，使用的参数（　　　　）。

A. 特征橡皮擦使能　　　　B. 学习屏蔽ROI　　　　C. ROI　　　　D. 失真容许范围

（3）检测产品存在旋转不同角度，调节关键参数是（　　　　）。

A. 边缘阈值　　　　B. 角度范围　　　　C. 高斯因子　　　　D. 旋转矩形ROI

（4）默认参数时，有几个产品无法匹配，无法检测到，核心参数是（　　　　）。

A. 边缘阈值　　　　B. 检测ROI　　　　C. 相似度下限　　　　D. 检测个数

（5）无法通过工具参数来调节检测结果，可以对图像（　　　　）。

A. 更换工具　　　　　　　　　　　　　B. 边缘阈值

C. 添加预处理工具进行前期处理　　　　D. 更换检测ROI类型

参考答案：（1）C　　　（2）A　　　（3）B　　　（4）C　　　（5）C

第四篇

机器视觉进阶

任务9 位置补正及条件设定

本任务将介绍HCvisionQuick机器视觉软件中，位置补正及条件设定两个功能模块的应用场景，详细演示位置补正及条件设定的使用流程。

一、任务背景

生产过程中，当检测范围被固定了以后，如果工件的位置发生了变化，就很难进行正确的检测。这时，可以应用位置补正功能，通过指定以位置偏移信息作为基准的补正源工具，对注册为补正对象工具的检测范围位置进行补正，从而进行正确的检测。

在应用HCvisionQuick机器视觉软件进行自动化生产过程中的检测工作时，当某个工具的运行依赖其他工具的运行结果或者依赖其他系统发出的触发信号时，需要进行运行条件的设置。HCvisionQuick机器视觉软件支持多种运行条件设置，可以依据实际情况灵活设置。

二、能力目标

（1）掌握位置补正功能及条件设定功能的原理。
（2）掌握位置补正功能及条件设定功能的使用流程。

三、知识准备

（1）掌握HCvisionQuick机器视觉软件的基础按键和机器视觉的基本原理。
（2）掌握HCvisionQuick机器视觉软件中简单工具的添加。

四、任务实操：位置补正及条件设定

1. 活动内容

应用位置补正功能，以"轮廓位置"工具为补正源，"检测圆"工具为补正对象，实现检测圆在不同位置的精确检测。应用条件设定功能，当"轮廓位置"工具OK时，"检测圆"工具的运行状态为运行；当"轮廓位置"工具NG时，"检测圆"工具的运行状态为不运行。最终显示效果如图11—1至图11—4所示。

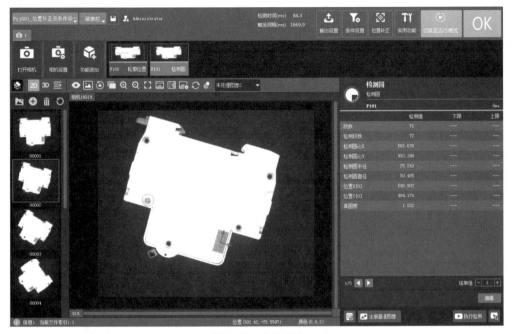

图11-1　补正效果

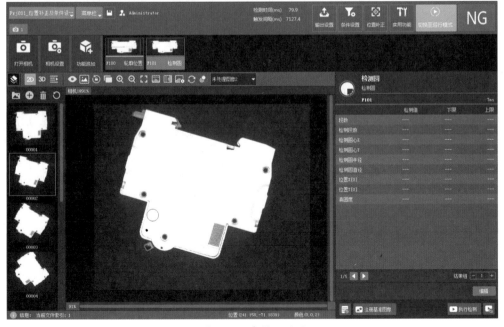

图11-2　未补正效果

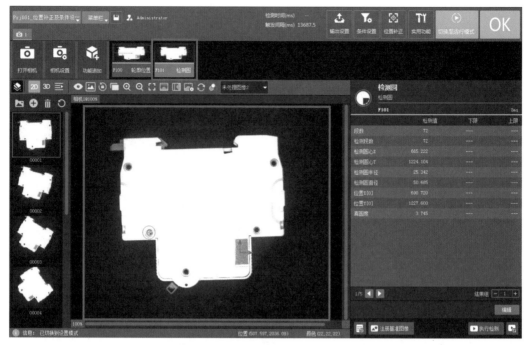

图11-3　检测圆运行状态

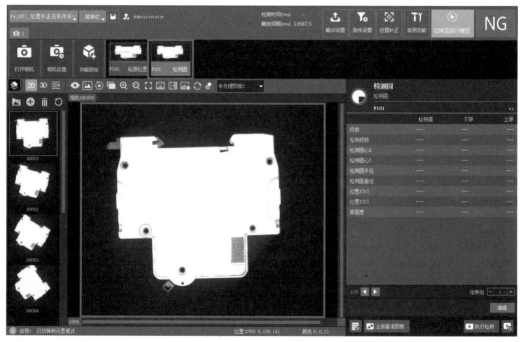

图11-4　检测圆不运行状态

2. 活动流程

主要实现步骤是添加位置补正功能和条件设定功能后，运行软件查看运行状态，操作流程如图11-5所示。

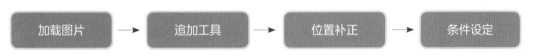

图11-5　位置补正及条件设定活动流程

3. 操作步骤

（1）加载图像。

加载图像，点击"执行检测"，如图11-6所示。

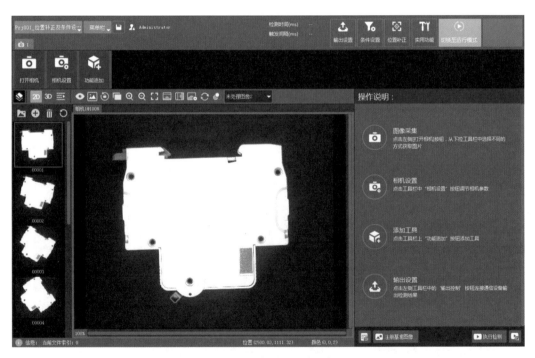

图11-6　执行检测的图像

注册基准图像，点击"注册基准图像"，点击"注册"，点击"关闭"，如图11-7所示。

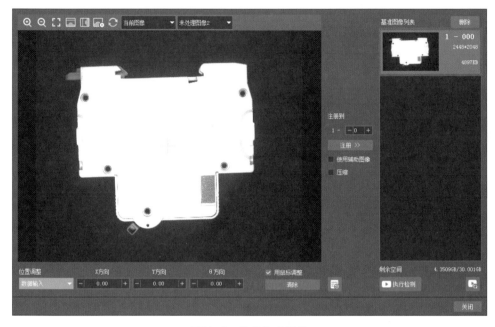

图11-7　注册基准图像

（2）追加工具。

追加补正源工具（轮廓位置）、补正对象工具（检测圆），点击"功能追加"，点击"定位"，左键双击"轮廓位置"工具，绘制检测ROI区域，点击"模板学习"，编辑学习ROI，点击"学习"，点击"确定"，如图11-8和图11-9所示。

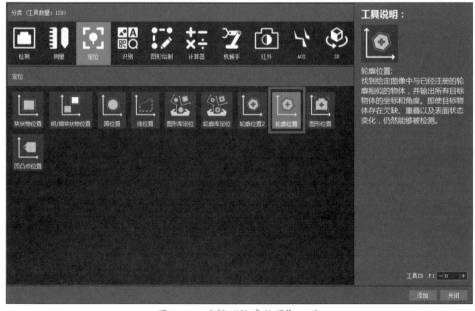

图11-8　选择"轮廓位置"工具

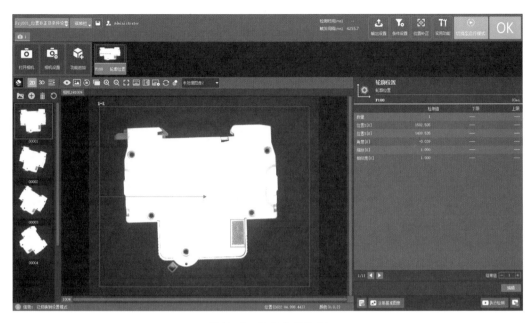

图11-9 轮廓位置检测

参照添加"轮廓位置"工具的操作流程，追加测量模块中圆检测中的"检测圆"工具，如图11-10和图11-11所示。

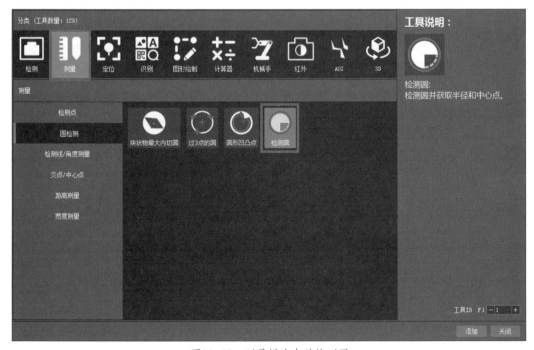

图11-10 测量模块中的检测圆

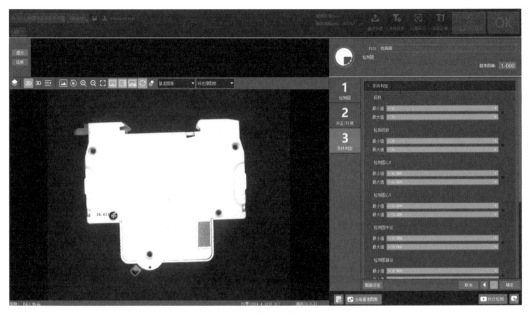

图11-11 "检测圆"工具

（3）位置补正。

应用位置补正功能，点击"位置补正"，选择补正源工具，点击"确定"，补正对象工具选择"补正源"，点击"确定"，如图11-12至图11-17所示。

图11-12 选择位置补正

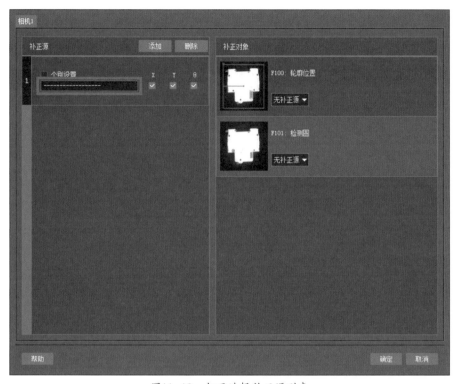

图11-13　打开选择补正源列表

图11-14　选择补正源

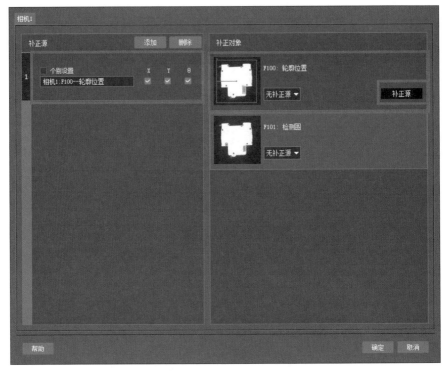

图11-15　补正源工具

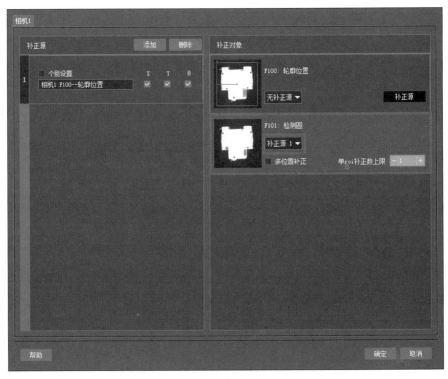

图11-16　补正对象选择"补正源"

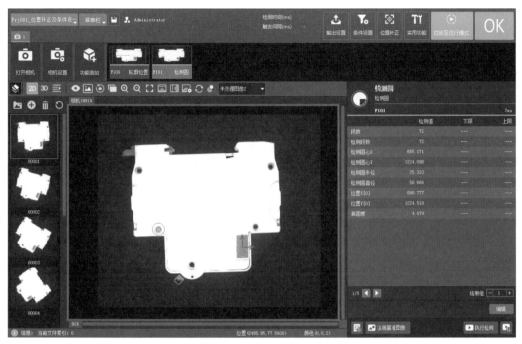

图11-17　补正对象工具

查看补正对象工具的补正效果，选择补正对象工具（检测圆），点击"执行检测"，观察视图中补正对象工具的补正效果，如图11-18至图11-20所示。

图11-18　执行检测

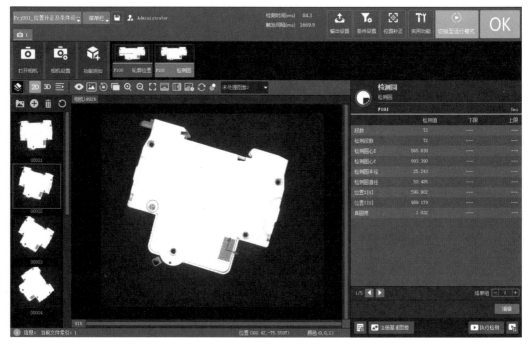

图11-19　补正效果

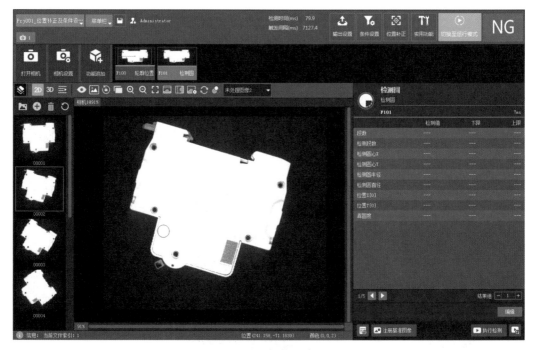

图11-20　未补正效果

（4）条件设定。

应用条件设定，点击"条件设置"，"检测圆"工具选择运行条件，点击"确

186

定”，如图11-21至图11-25所示。

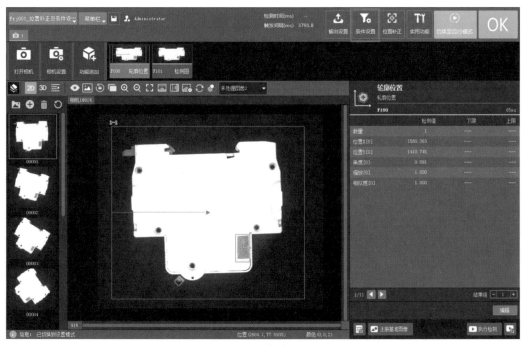

图11-21　选择条件设置

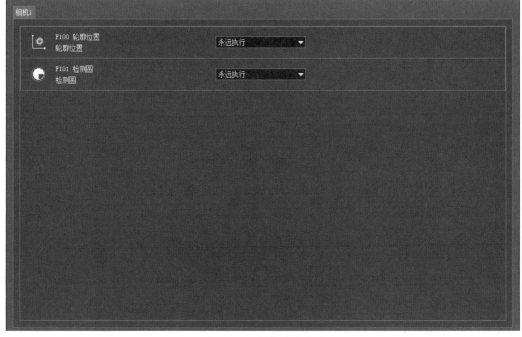

图11-22　条件设置界面

图11-23 选择依赖条件

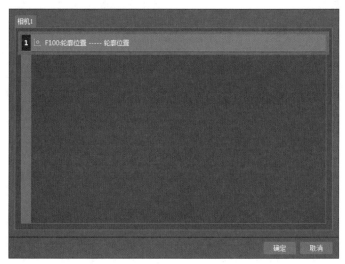

图11-24 选择依赖工具

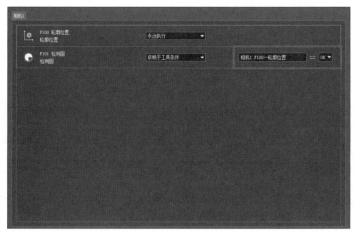

图11-25 依赖工具状态

当"轮廓位置"工具OK时，"检测圆"工具的运行状态（运行）；"轮廓位置"工具NG时，"检测圆"工具的运行状态（不运行），如图11-26和图11-27所示。

图11-26　检测圆运行状态

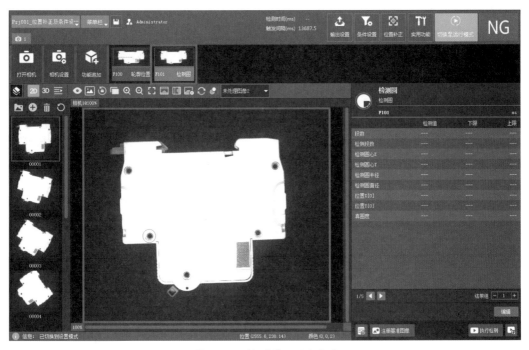

图11-27　检测圆不运行状态

五、相关知识与技能

1. 位置补正

位置补正功能，通过指定作为基准的补正源工具，可以将补正源工具的位置偏移信息作为基准，对注册为补正对象工具的检测范围位置进行补正。位置补正功能中，当补正源工具作为补正对象工具时，不能选择本工具作为补正源，否则会有依赖提示。勾选"个别设置"后，可分别于 X、Y 以及 θ 方向上设置补正源工具，点击文本框后弹出工具选择界面，可以选择当前行所指定的工具，并通过右侧勾选来选择当前行工具作为哪个方向的补正源，或是为空。

2. 条件设定

条件设定功能，某个工具的运行依赖其他工具的运行结果或者依赖其他系统发出的触发信号。

（1）运行条件类型，如果设置为永远执行，则当前工具的运行将不依赖外在条件。

（2）运行条件类型，如果设置为永远不执行，则当前工具将一直不运行。

（3）运行条件类型支持依赖工具条件，如果设置为依赖工具条件，则当前工具的运行将依赖其他工具的运行结果。

（4）运行条件类型，如果设置为依赖执行条件信号No.，当前工具的运行将取决于外界的某个执行信号（此信号由外部给出）。

（5）运行条件类型，如果设置为依赖多个执行信号No.，当前工具的运行将取决于外界的多个执行信号（这些信号由外部给出）。

（6）条件设定中，选择不同的相机，则可以在列表框中列举出当前已经应用的工具。

六、思考与练习

（1）位置补正功能中，下列描述正确的是（　　　）。

A. 补正源工具只能作为补正源

B. 补正源和补正对象工具既可以作为补正源，也可以自己为补正对象

C. 补正对象工具只能作为补正对象

D. 补正源工具可以作为自身的补正源

（2）补正源工具对补正对象工具的补正数量（　　　）。

A. 只能一个

B. 只能两个

C. 可以多个

D. 只能三个

（3）位置补正中，每个位置偏移量的成分（X、Y、θ）作为基准，下列描述正确的是（　　　）。

A. X、Y、θ都可以作为基准

B. 只能用X作为基准

C. 只能用Y作为基准

D. 只能用θ作为基准

（4）两个工具（轮廓位置、检测圆），"检测圆"工具应用条件设定功能，运行条件选择不运行，下列描述正确的是（　　　）。

A. 轮廓位置状态为OK，检测圆状态为运行

B. 轮廓位置状态为NG，检测圆状态为运行

C. 检测圆状态为不运行，和轮廓位置的状态无关

D. 轮廓位置状态为OK，检测圆状态为运行

参考答案：（1）B　　（2）C　　（3）A　　（4）C

任务10 运行画面设定

本任务将介绍HCvisionQuick机器视觉软件中运行画面功能模块的应用场景，详细演示该功能模块的使用流程，使操作者能够熟练掌握运行画面功能模块。

 一、任务背景

运行画面，是HCvisionQuick机器视觉软件在运行时的画面。在软件由设置模式切换至运行模式时，可以根据用户需求显示想要的图像或者数据等功能。从目录中选择要追加的画面模板，可以简单地创建和排版该画面，还可以根据场景的不同情况，自定义更加合适的运行画面。

在软件工程中，应用运行画面功能，新追加一个运行画面，编辑运行画面，添加组件（如图像、判定值、检测值等功能）。软件切换至运行模式后，选择显示指定的运行画面，与创建的运行画面显示一致。

 二、能力目标

（1）熟练使用运行画面功能。
（2）掌握运行画面功能的使用流程。

 三、知识准备

（1）掌握HCvisionQuick机器视觉软件的基础按键和机器视觉的基本原理。
（2）掌握HCvisionQuick机器视觉软件中简单工程的建立。

 四、任务实操：运行画面设定

1. 活动内容

操作HCvisionQuick机器视觉软件，应用运行画面功能来实现运行画面的显示效果，最终显示效果如图12-1所示。

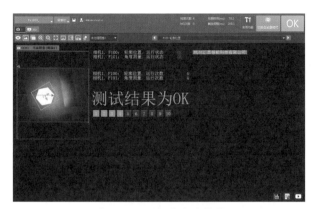

图12-1 运行画面效果图

2. 活动流程

主要实现步骤是添加运行画面功能后运行软件查看运行状态，操作流程如图12-2所示。

图12-2 运行画面设定活动流程

3. 操作步骤

（1）添加运行画面。

在已经加载完图片并添加完工具的基础上，点击"实用功能"，点击"运行画面设定"，进入运行画面编辑模式，如图12-3至图12-5所示。

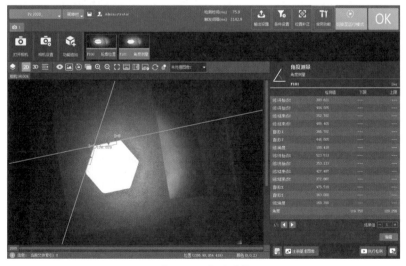

图12-3 实用功能

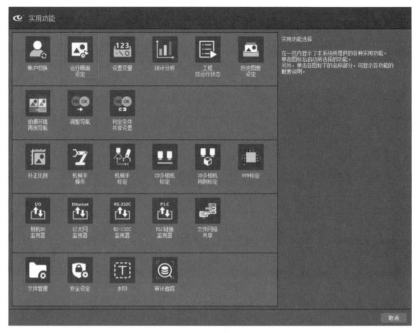

图12-4　运行画面设定

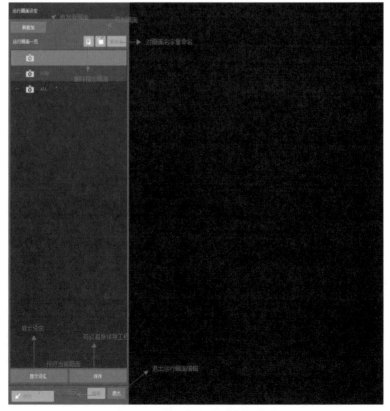

图12-5　"运行画面设定"界面

新追加运行画面，点击"新追加"按钮，进入运行画面模板选择界面，如图12-6至图12-7所示。

图12-6 新追加

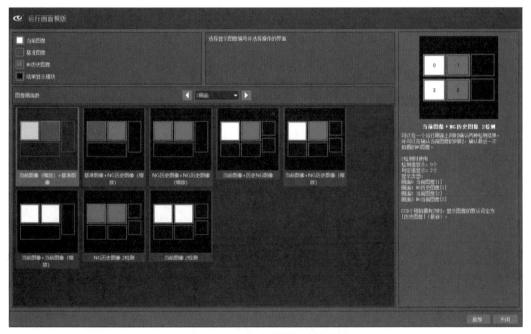

图12-7 运行画面模板选择界面

追加运行画面模板，选择1画面中的"自定义空白界面"，点击"追加"按钮，自定义运行画面添加进"运行画面一览"中，如图12-8至图12-9所示。

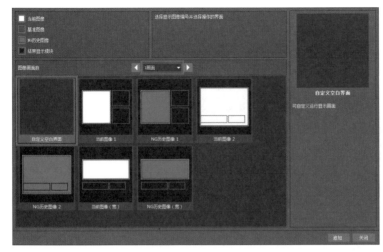

图12-8 自定义空白界面

图12-9 运行画面一览

（2）添加运行画面组件。

单击选中运行画面一览中的S00，点击"编辑"按钮，进入S00的编辑界面，如图12-10所示。

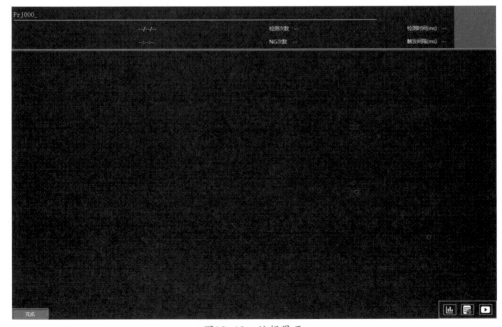

图12-10 编辑界面

新追加组件，在运行画面编辑界面上空白处单击鼠标右键，弹出列表菜单，点击"添加"菜单，点击相应的子菜单项，支持追加的组件：图像、判定值、检测值、跑马灯、字符串、文字提示、标签、图片及按钮等。点击背景菜单项可设置运行画面的背景样式。可以通过上移一层、下移一层、置顶、置底调整控件的层次顺序，标题栏、远程桌面以及按钮除外，都在最上层，如图12-11所示。

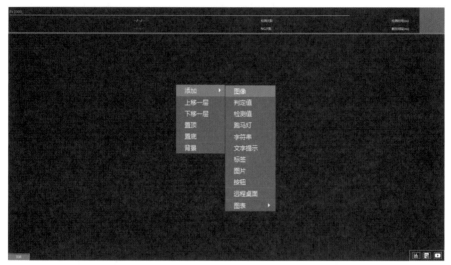

图12-11 追加组件界面

追加图像组件，点击"图像"子菜单，进入"图像画面编辑"界面，设定显示CCD、显示图像类型、图像贴合类型、显示对象工具及是否显示标签，点击"确定"按钮完成图像组件添加，如图12-12和图12-13所示。

图12-12 "图像画面编辑"界面

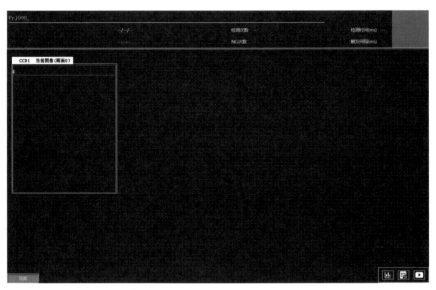

图12-13　图像组件

　　追加判定值组件，点击"判定值"子菜单，进入"判定值编辑"界面，点击"显示项目选择"，项目选择支持添加工具判定值、系统判定值、字符串，选择工具判定值，选中轮廓位置，点击"追加"，相同操作添加角度测量的运行状态，点击"确定"按钮，完成判定值组件添加，如图12-14至图12-18所示。

图12-14　"判定值编辑"界面

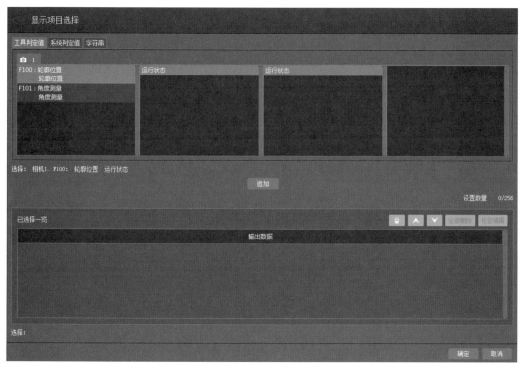

图12-15　显示项目选择

图12-16　已选择一览

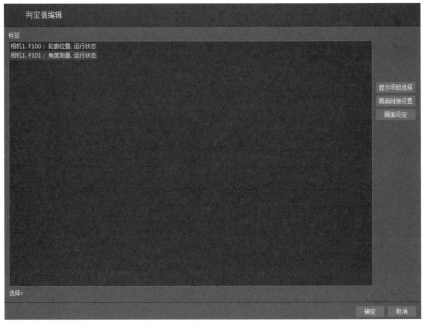

图12-17　标签一览

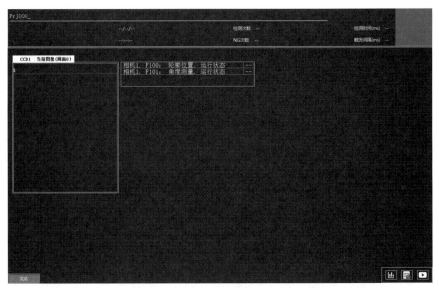

图12-18　判定值组件显示

　　追加检测值组件，点击"检测值"子菜单，进入"检测值编辑"界面，点击"显示项目选择"，项目选择支持添加工具检测值、系统检测值、变量、字符串，选择工具检测值，选中轮廓位置的运行次数，点击"追加"。相同操作添加角度测量的运行次数，点击"确定"按钮，完成检测值组件添加，如图12-19至图12-23所示。

图12-19　"检测值编辑"界面

图12-20　"显示项目选择"界面

图12-21　已选择一览

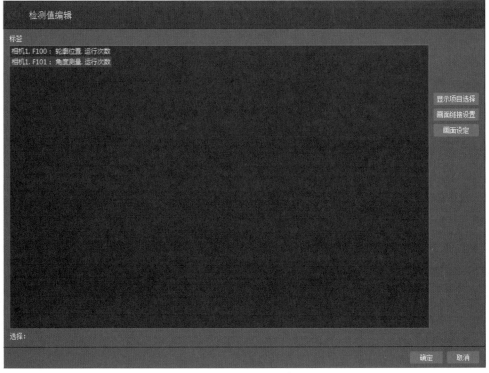

图12-22　标签一览

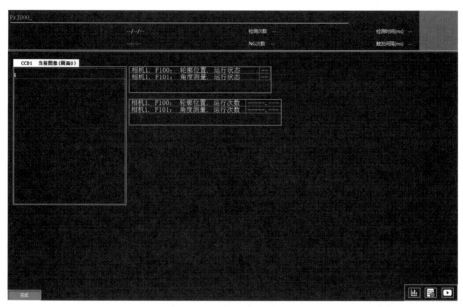

图12-23 检测值组件显示

追加字符串，单击鼠标右键在弹出列表菜单上，点击"字符串"，进入添加字符串对话框，编辑中英文字符串后，点击"确定"按钮，完成字符串组件添加，如图12-24至图12-27所示。

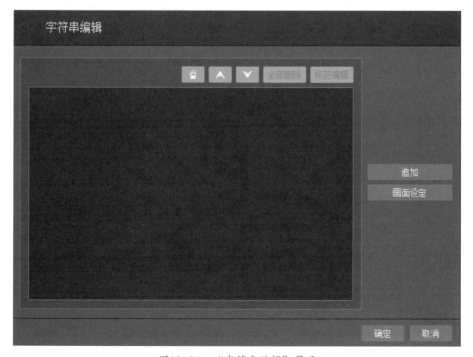

图12-24 "字符串编辑"界面

图12-25　编辑字符串

图12-26　追加字符串一览

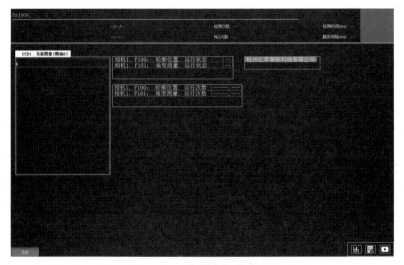

图12-27　字符串组件显示

追加文字提示，单击鼠标右键在弹出列表菜单上，点击"文字提示"，进入添加文字提示对话框，编辑文本，点击"选择数据"，选择判定值中轮廓位置的运行状态，点击"选择"，点击"确定"按钮，完成文字提示组件添加，如图12-28至图12-32所示。

图12-28　"文字提示状态编辑"界面

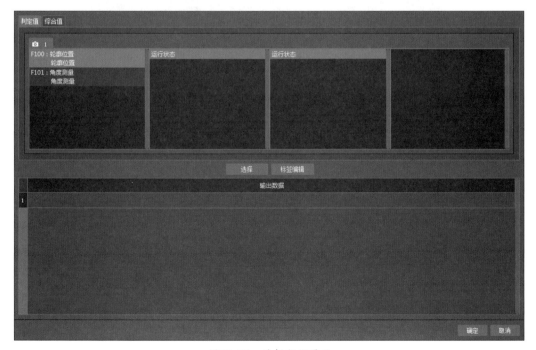

图12-29　选择数据界面

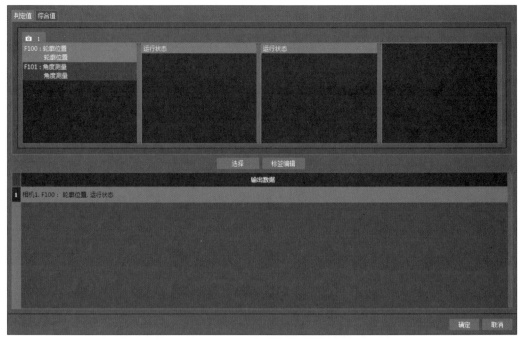

图12-30 数据添加

图12-31 选择数据显示

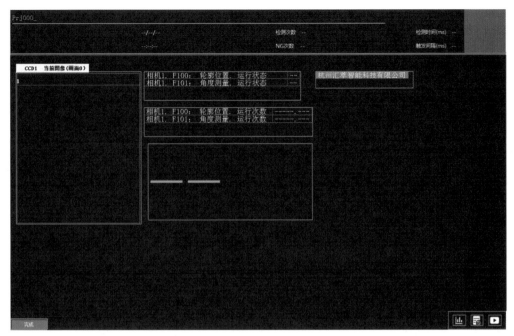

图12-32 文字提示组件显示

　　追加跑马灯，单击鼠标右键在弹出列表菜单上，点击"跑马灯"，进入"跑马灯设置"界面，设置轮询个数为10，点击"选择判定项"，判定值中选择角度测量的运行状态，点击"选择"，点击"确定"按钮，完成跑马灯组件添加，如图12-33至图12-36所示。

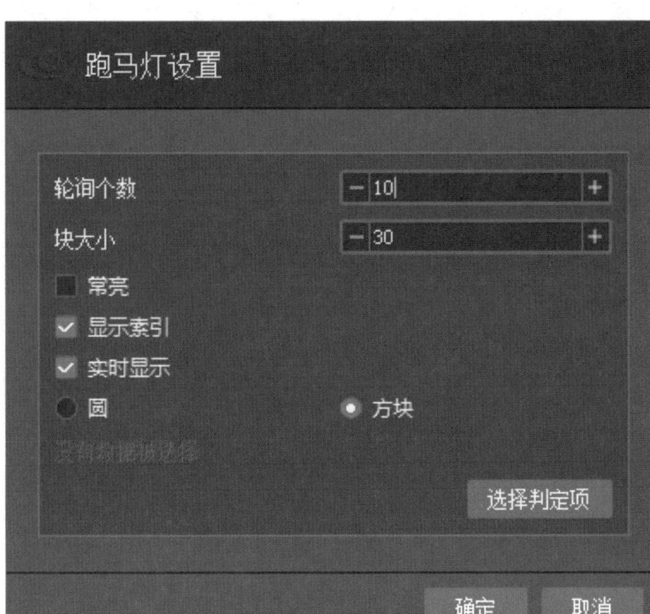

跑马灯设置

轮询个数　　　　　　　　－ 10　　　　　　　＋

块大小　　　　　　　　　－ 30　　　　　　　＋

■ 常亮

✓ 显示索引

✓ 实时显示

● 圆　　　　　　　　● 方块

选择判定项

确定　　取消

图12-33 "跑马灯设置"界面

207

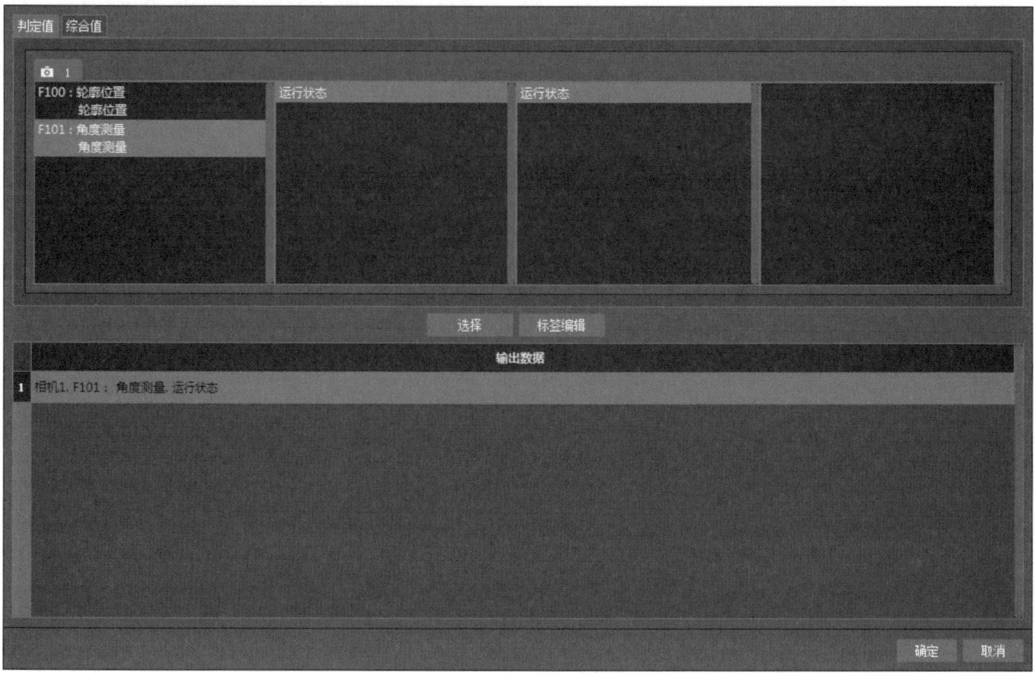

机器视觉
入门与实战

判定值 综合值

📷 1

F100：轮廓位置
　　　轮廓位置
F101：角度测量
　　　角度测量

运行状态　　　　　　　运行状态

选择　　标签编辑

输出数据

1　相机1. F101：角度测量. 运行状态

确定　取消

图12-34　判定项选择

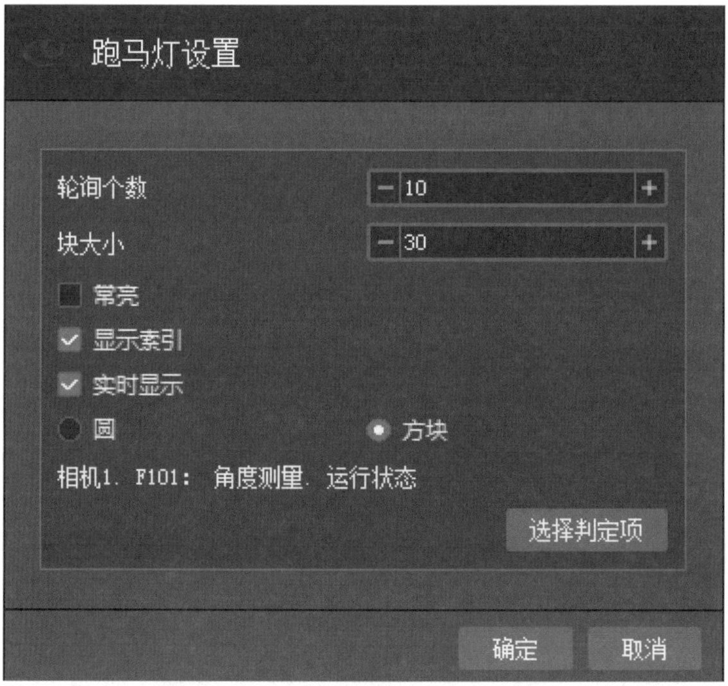

跑马灯设置

轮询个数　　　　−　10　　　　　　＋

块大小　　　　　−　30　　　　　　＋

■ 常亮
✓ 显示索引
✓ 实时显示
● 圆　　　　　　　● 方块

相机1. F101：角度测量. 运行状态

选择判定项

确定　　取消

图12-35　判定项显示

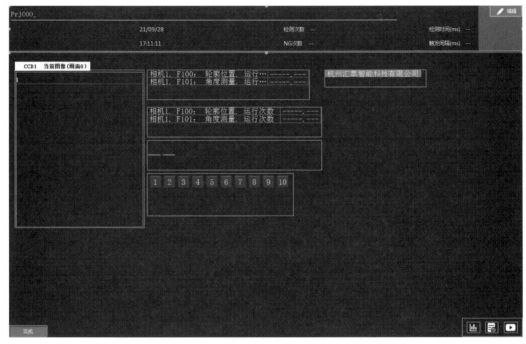

图12-36　跑马灯组件显示

　　点击"完成"按钮，点击"保存"按钮，点击"是"，保存设置，点击"退出"按钮，退出运行画面设定，如图12-37和图12-38所示。

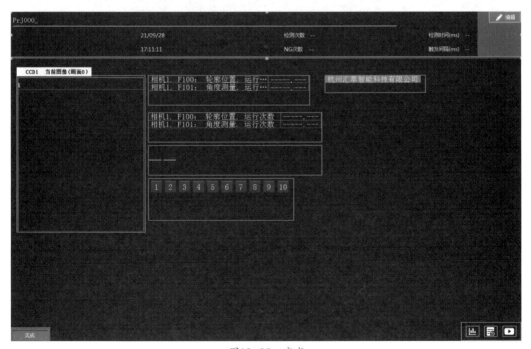

图12-37　完成

图12-38　生效设定

（3）运行画面效果。

软件切换至运行模式，选择添加的运行画面S00，运行软件，运行画面显示如图12-39所示。

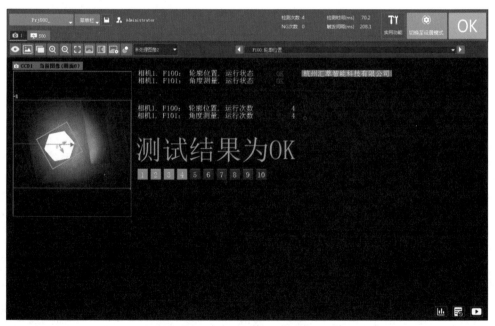

图12-39　运行画面显示

♥ 五、相关知识与技能

HCvisionQuick机器视觉软件中，通过运行画面功能追加原创的运行画面。追加的运行画面，可以在运行模式中进行切换。

（1）运行画面功能可以预览显示和查看栏显示。

（2）运行画面功能可以重命名。

（3）运行画面功能最多追加10个运行画面。

（4）运行画面功能支持显示设定，显示时，通过勾选有效/无效，可以决定在切换账户后是否显示该运行画面；默认显示，决定启动时或读取检测设定时，以及切换账户时最初显示的运行画面。

六、思考与练习

（1）对于运行画面，下列表述错误的是（　　　）。

A. 可以新追加运行画面设定

B. 可以复制已追加的运行画面

C. 可以重命名已追加的运行画面

D. 不可以复制已追加的运行画面

（2）对于运行画面模板的图像画面数，下列描述错误的是（　　　）。

A. 不可以选择1画面

B. 可以选择2画面

C. 可以选择3画面

D. 可以选择4画面

（3）对于运行画面中添加组件，下列描述错误的是（　　　）。

A. 可以添加图像组件

B. 可以添加判定值组件

C. 可以添加检测值组件

D. 不可以添加跑马灯组件

参考答案：（1）D　　（2）A　　（3）D

任务11 通信输出设置

本任务将基于机器视觉基本原理和HCvisionQuick机器视觉软件的基础操作，根据工业项目实施中的通信需求，讲解HCvisionQuick机器视觉软件通信输出的配置方式，以及通信内容输出的操作方法。

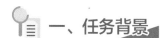 一、任务背景

机器视觉在工业项目中的应用包含多个方面，如定位引导、有无判断、颜色识别、瑕疵检测、尺寸测量等。同时机器视觉的应用不是独立运行的，往往需要与其他自动化设备进行协作，从而实现具体的功能要求。

机器视觉与自动化设备的协作就需要通信建立连接，常见通信有多种方式：I/O端口、以太网（无协议）、PLC链接等。因此掌握常见通信方式，并在工业项目中针对不同需求灵活使用合适的通信手段就尤为重要。本任务将通过HCvisionQuick机器视觉软件的以太网通信方式，讲解通信输出的配置方法及操作步骤。

二、能力目标

（1）掌握机器视觉通信的工作原理及使用方法。

（2）掌握以太网（无协议）通信的设置。

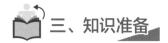 三、知识准备

（1）掌握HCvisionQuick机器视觉软件平台的基础按键和机器视觉的基本原理。

（2）掌握HCvisionQuick机器视觉软件以太网（无协议）的自定义命令知识。

通信输出示例中使用了自定义命令中的T1触发命令，在HCvisionQuick机器视觉软件中共有10个触发命令，如图13-1所示。其通信过程的无协议命令格式如图13-2所示。

命令种类	命令内容	命令	编号指定命令号	是否动作（√ = 允许）		适用软件版本
				运行模式	设置模式	
触发	触发信号1	T1	1	√		2.0及以上
	触发信号2	T2	2	√		2.0及以上
	触发信号3	T3	3	√		2.0及以上
	触发信号4	T4	4	√		2.0及以上
	触发信号5	T5	5	√		3.0及以上
	触发信号6	T6	6	√		3.0及以上
	触发信号7	T7	7	√		3.0及以上
	触发信号8	T8	8	√		3.0及以上
	全部触发信号	TA	9	√		2.0及以上
	综合触发	TT	10	√		2.0及以上

图13-1　触发命令

▌ T1～T8 触发

发送指定的触发信号 ID。

无协议命令的格式

· 发送

T1[分隔符]	发送触发信号1
T2[分隔符]	发送触发信号2
T3[分隔符]	发送触发信号3
T4[分隔符]	发送触发信号4
T5[分隔符]	发送触发信号5
T6[分隔符]	发送触发信号6
T7[分隔符]	发送触发信号7
T8[分隔符]	发送触发信号8

· 接收

T1[分隔符]
T2[分隔符]
T3[分隔符]
T4[分隔符]
T5[分隔符]
T6[分隔符]
T7[分隔符]
T8[分隔符]

图13-2　无协议命令格式

其中分隔符是自定义命令必不可少的组成部分，关于分隔符的详细说明如下：

①输出分隔符：视觉软件检测结果输出时，发送的一帧数据报文分隔符。

可以选择的分隔符有：

结束分隔符：CR（回车 0x0D）；

结束分隔符：LF（换行 0x0A）；

结束分隔符：CR+LF（回车+换行 0x0D 0A）；

开始分隔符：STX（文本起始 0x02），结束分隔符：ETX（文本结束 0x03）；

结束分隔符：自定义，只能自定义一个可见字符（除A～Z，a～z，0～9，@#%）。请根据实际需要添加分隔符。

②命令分隔符：连接对象使用命令控制视觉软件时一帧命令报文结尾分隔符。

可以选择的分隔符有：

结束分隔符：CR（回车 0x0D）；

结束分隔符：LF（换行 0x0A）；

结束分隔符：CR+LF（回车+换行 0x0D 0A）；

结束分隔符：自定义，只能自定义一个可见字符（除A～Z，a～z，0～9，@#%）。可根据实际需要添加分隔符。

 四、任务实操：通信输出设置

1. 活动内容

完成视觉处理器和个人电脑之间的通信，通信结果如图13-3所示。

图13-3　视觉处理器和个人电脑之间的通信结果

2. 活动流程

活动流程如图13-4所示。

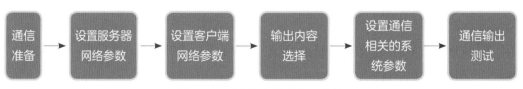

图13-4　通信输出设置活动流程

3．操作步骤

（1）通信准备。

①搭建视觉演示环境需要的基本硬件如表13-1所示，演示实物如图13-5所示。

图13-5　实物图片

表13-1　视觉配件清单

序号	名称	型号	数量
1	视觉处理机（含软件）	HC-AQL6201S	1
2	工业相机	130万像素	1
3	镜头	工业远心镜头	1
4	光源	环光	1
5	相机电源线	3 m	1
6	相机网线	3 m	1
7	光源延长线	3 m	1
8	实验架	—	1
9	被测对象	注塑件	若干
10	个人电脑（含通信测试软件）	—	1

②将视觉处理机、工业相机、镜头、光源、相机电源线、相机网线、光源延长线等在实验架上按照如图13-6所示搭建完成。

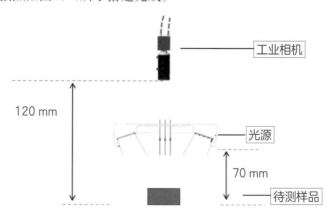

图13-6　视觉演示环境搭建示意图

③连接相机，启动对应的光源接口，将亮度调整到"255"，如图13-7所示。通过调整相机曝光时间使图像亮度正常，达到清晰的效果，如图13-8所示。

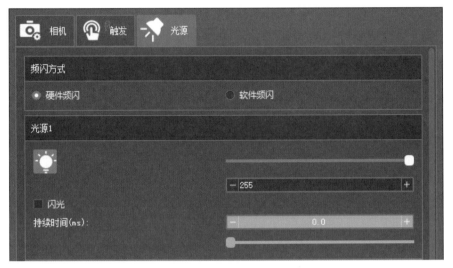

图13-7　光源参数设置

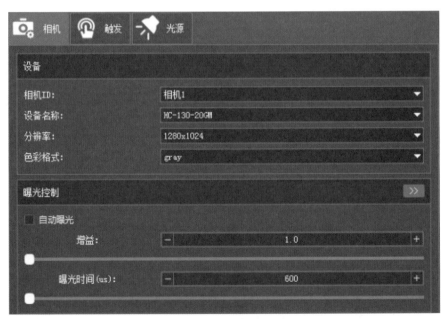

图13-8　曝光参数设置

④注册基准图像，如图13-9所示。添加"轮廓位置"工具，获取样品的位置坐标，如图13-10所示。

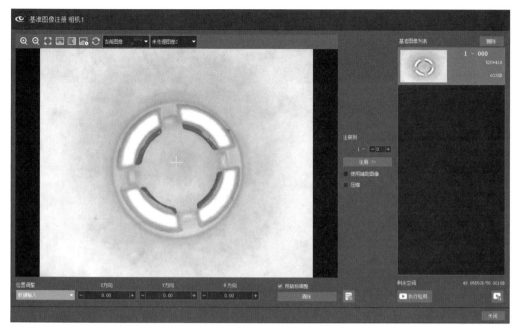

图13-9 注册基准图像

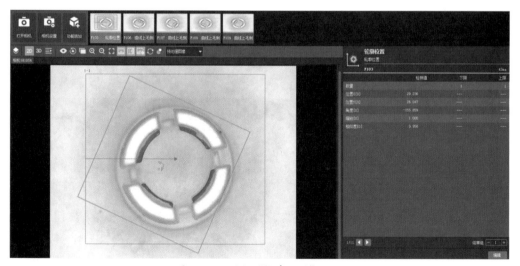

图13-10 添加"轮廓位置"工具

（2）设置服务器网络参数。

①在主界面点击右上角"输出设置"图标弹出输出设置窗口，窗口左边A选项为自动化行业常用的通信方式。点击对应通信名称，右边B则对应显示该通信方式下的通信设置参数以及输出内容选项。此处选择左侧"以太网"选项，如图13-11所示。

图13-11 "输出设置"窗口

②选择左侧"以太网"选项,点击窗口下方的"以太网设置"按钮,进入网络设置窗口界面,如图13-12所示。

在实际应用中,视觉系统与自动化设备进行通信时,通常是作为服务器进行使用的。因此在弹出的窗口界面中,首先选择"作为服务器"选项。然后设置视觉处理机的本机IP地址,该地址一般默认为出厂设置:192.168.0.100。本机端口(即本机以太网服务器的端口号):8500,需要与通信另一端的端口号保持一致。输出分隔符和命令分隔符都选择"CR"。

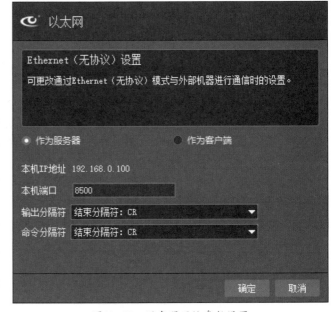

图13-12 服务器网络参数设置

设置完成后，点击“确定”，在输出设置界面的右下角点击“打开”按钮，启动以太网通信，如图13–13所示。

选择：
工具非执行时的结果输出
输出“0”
数据分隔符
逗号
以太网设置
（环境设置）
打开
关闭
通信打开
确定
取消

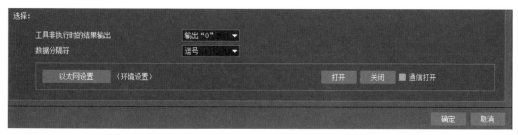

图13–13　通信打开按钮

（3）设置客户端网络参数。

①个人电脑作为客户端，点击“网络和Internet设置”进入网络设置窗口如图13–14所示。点击下方“网络和共享中心”进入设置界面。

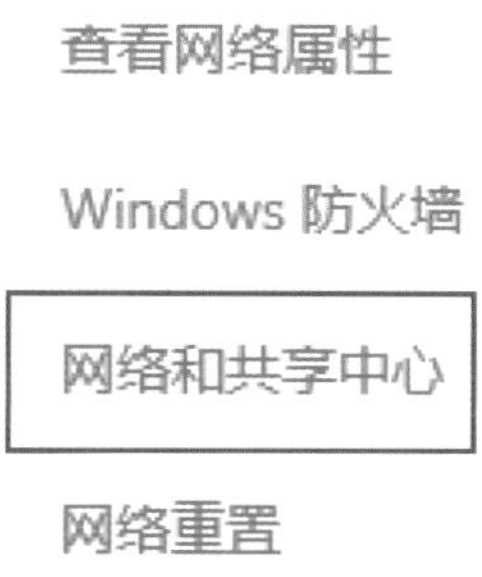

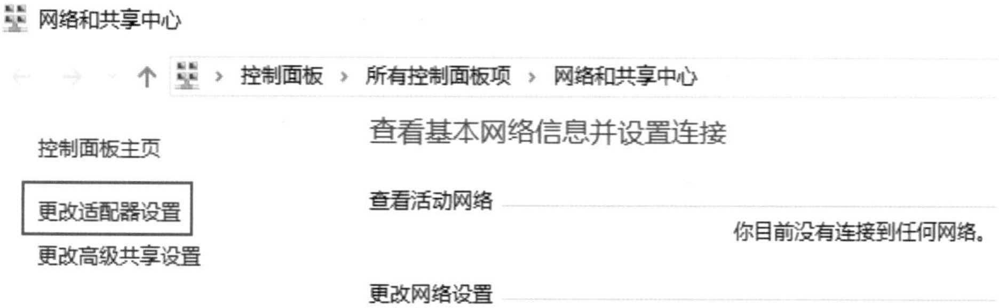

查看网络属性
Windows 防火墙
网络和共享中心
网络重置

图13–14　“网络和Internet设置”界面选项

点击“网络和共享中心”界面的“更改适配器设置”选项，如图13–15所示。

进入网络连接窗口，在窗口显示的网络接口中找到通信对应的网口，双击进入“网络连接”窗口，如图13–16所示。在“网络连接”窗口选择“以太网”选型，双击进入IP地址设置窗口。

网络和共享中心
控制面板 › 所有控制面板项 › 网络和共享中心
查看基本网络信息并设置连接
控制面板主页
更改适配器设置
更改高级共享设置
查看活动网络
你目前没有连接到任何网络。
更改网络设置

图13–15　“网络和共享中心”界面

图13-16 "网络连接"窗口

②在属性窗口内,选择"使用下面的IP地址(S)",在IP地址一栏输入"192.168.
0.111"。网络配置规则要求通信两端的设备必须在同一网段,且IP地址不能相同。
即IP地址的前三位必须一致(192.168.0为前三位),第四位不能相同(第四位数字为
0~255之间除100外的任意整数),如图13-17所示。

子网掩码(U):"255.255.255.0",为默认值,与服务器端口一致。

默认网关(D):与服务器设置一致即可,也可以不进行设置。

首选DNS服务器(P),备用DNS服务器(A)参数与服务器保持一致即可。

设置完成后依次点击"确定"按钮,最后关闭"网络和Internet设置"窗口。

图13-17 网络连接属性窗口

③客户端启动"网络调试助手"程序。如图13-18所示。

TCPUDPDbg	2021/5/27 16:42	文件夹
0.jpg	2020/8/13 11:29	JPG 文件
NetAssist.cfg	2021/5/27 16:42	CFG 文件
NetAssist.exe	2021/5/24 16:47	应用程序
NetAssist操作手册.pdf	2020/8/13 14:10	WPS PDF 文档
TCPUDPDbg操作手册.pdf	2020/8/13 14:10	WPS PDF 文档
u4653401_13668d8b8fag214.jpg	2020/8/13 11:30	JPG 文件

图13-18　网络调试助手软件

启动后的界面如图13-19所示。在左侧网络设置选项内，"协议类型"选择"TCP Client"（客户端）。"远程主机地址"输入"192.168.0.100"（服务器本机IP地址）。"远程主机端口"输入"8500"（与服务器一致）。

设置完成后点击"连接"按钮，设置正确时，该按钮黑色圆点变为红色，即表示通信已经建立。

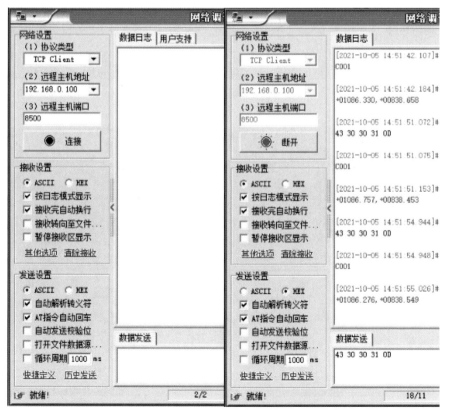

图13-19　网络调试助手状态对比

（4）输出内容选择。

①点击"输出设置"，在"输出设置"界面左侧点击"以太网"，显示输出设置参数界面。点击"输出选择"，显示"输出数据设置"界面，选择要输出的项目后，在示例项目中添加"轮廓位置"工具的位置 X 和位置Y，如图13-20所示。添加完成后点击右下角的"确定"按钮，返回"输出设置"界面，如图13-21所示。

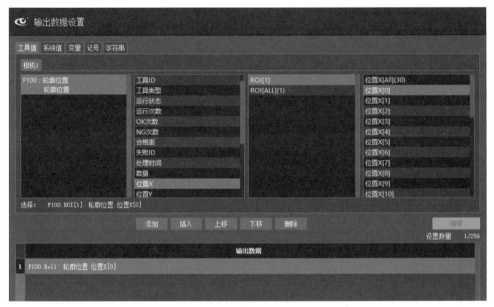

图13-20　"输出数据设置"界面

图13-21　数据添加完成

②如要更改输出格式，可点击要更
改的输出项目尾部的"＞＞"按键，在弹
出的"自定义格式设置"界面进行更改
设置，如图13-22所示。

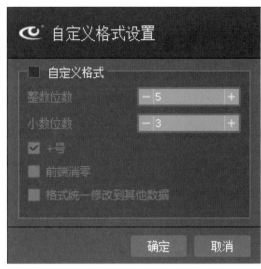

勾选"自定义格式"后，指定"整
数位数""小数位数""＋号""前端
消零"。如果勾选了"格式统一修改到
其他数据"，在其他输出项目中也会应
用相同设置格式。点击"确定"保存
设置。

图13-22　自定义格式设置

（5）设置通信相关的系统参数。

进入相机设置界面，在"触发"
设置选项里将相机触发方式设置为"软件外触发"，默认"信号ID"为"触发信号1"
（与触发命令T1相对应），如图13-23所示。

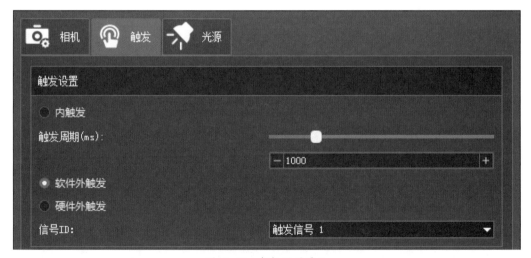

图13-23　相机设置界面

（6）通信输出测试。

①将 HCvisionQuick 机器视觉软件切换到运行模式，如图13-24所示。

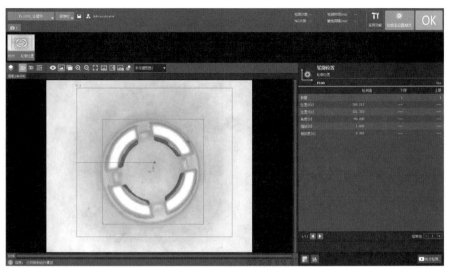

图13-24 运行模式

②点击主界面右上角的"实用功能"按钮，选择"以太网监视器"，如图13-25所示，启动后的"以太网监视器"界面如图13-26所示。

在显示界面的上方有"暂停""清空""保存"功能按钮。可对交互信息进行相关操作。

通过界面下方的状态颜色框可以判断当前连接是否正常。

图13-25 "以太网监视器"路径

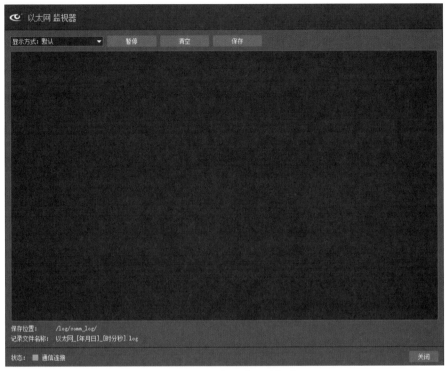

图13-26　"以太网监视器"界面

③在网络调试助手界面的"发送设置"栏选择"ASCII"码制，在数据发送栏输入
C001（相机1触发的自定义命令名，在"菜单栏"的"环境设置"的"自定义命令"
中设置，默认设置C001中的内容为相机1的触发指令T1），如图13-27所示。然后切换
到HEX码制，数据发送栏内容转换为"43 30 30 31"，如图13-28所示。由于服务器端
设置时分隔符选择为回车键，因此需要在发送内容后增加回车键的代码，即0D，如图
13-29所示。

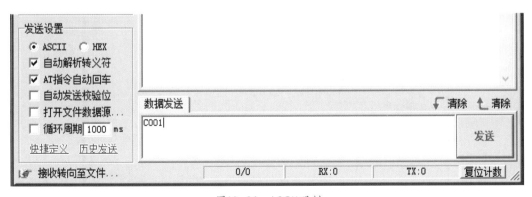

图13-27　ASCII码制

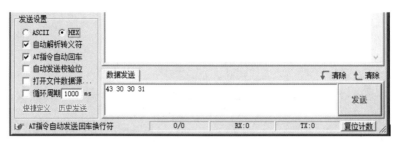

图13-28 HEX码制

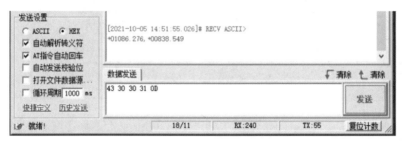

图13-29 增加分隔符

点击"发送"按钮，触发命令即通过以太网（无协议）通信发送给视觉处理器。
视觉软件获取图像，处理完成后，将坐标数据发送给客户端。如图13-30所示。

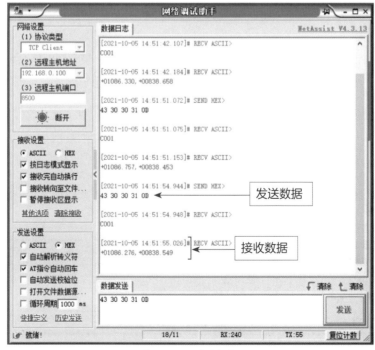

图13-30 通信数据

④在服务器端的"以太网监视器"窗口，会同步看到通信的交互内容，视觉处理器接收到相机1的触发命令后，控制相机采集图像，轮廓位置工具对图像进行处理后生成位置信息，经以太网反馈给客户端，如图13-31所示。每行数据的前部分为信息交互发生的时间，后部分为交互的内容。其中"<"表示外部输入的信息，">"表示本机发出的信息。

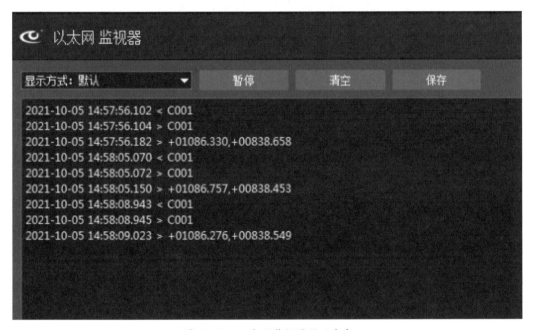

图13-31　以太网监视器显示内容

4. 能力提升

在使用过程中，如果以太网监视器显示反馈的内容不是需要的信息，如图13-32所示，则需要排查可能存在的问题。

信息显示内容为：ER,COO1,91。该内容为错误信息，通过查询操作手册可以得知，91的返回值代表通信超时（超时错误），如图13-33所示。此时可能出现问题的部分：相机触发方式是否修改为软件外触发；HCvisionQuick机器视觉软件是否切换到运行模式；发送数据是否添加了对应的分隔符。

图13-32 以太网监视器异常信息

返回值

- 0：成功
- 02：命令类型错误
- 03：命令动作禁止
- 22：命令参数错误
- 91：超时错误

图13-33 返回值数据定义

五、相关知识与技能

对于具体的检测项目，能够运用视觉软件获得项目需要的数据和结果，并通过通信方式与对应自动化设备进行数据交互。

（1）视觉软件的灵活运用是基础，需要视觉与其他设备进行配合完成的项目，视觉部分起到了至关重要的作用，视觉部分在位置定位、有无判断、字符识别等方面的稳定运行是整套设备能够实现其功能的前提。

（2）建立稳定的通信环境，需要考虑周边环境的干扰，需要根据不同项目环境选择合适的通信方式。

（3）掌握不同通信方式所能满足的最大通信距离、通信负载数量等知识，便于在使用中选择正确通信方式。

（4）可添加的数据类型有："工具值""系统值""变量""记号""字符串"（自定义）。"添加"完成后，可以通过"上移""下移""删除"对添加的数据进行操作；对已经添加的字符串和数组类型数据，双击可以直接修改或者点击"编辑"进行编辑，数组类型数据只能修改数组大小。

六、思考与练习

（1）以太网（无协议）通信连接显示超时错误，不可能是什么原因（   ）。

A. 发送的数据视觉处理器无法识别

B. 发送的数据没有添加对应的分隔符

C. 调整反馈数据的顺序

D. 检测工具对应的执行条件与发送数据不匹配

（2）如图13-34所示，已知服务器端的参数配置，网络调试助手对应的参数设置正确的是（   ）。

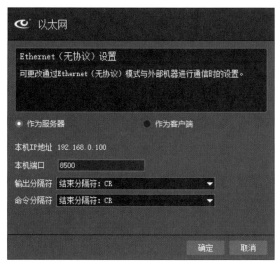

图13-34 参数界面

A. 协议类型：TCP Client；远程主机地址：192.168.0.99

B. 协议类型：TCP Server；远程主机地址：192.168.0.100

C. 协议类型：TCP Client；远程主机地址：192.168.0.100

D. 协议类型：TCP Server；远程主机地址：192.168.0.99

参考答案：（1）C   （2）C

任务12 变量赋值与比较

本任务将基于掌握了前文的HCvisionQuick机器视觉软件基础操作，深入阐述变量和基础函数的用法。

 一、任务背景

变量来源于数学，是计算机语言中能储存计算结果或能表示值的抽象概念。变量可以通过变量名访问。在指令式语言中，变量通常是可变的。在使用变量过程中，能够赋给程序中准备使用的每一段数据一个简短、易于记忆的名字，因此它们十分有用。变量可以是保存程序运行时用户输入的数据、特定运算的结果以及要在窗体上显示的一段数据等。简而言之，变量是用于跟踪几乎所有类型信息的简单工具。

而在HCvisionQuick机器视觉软件中可以创建多种类型的变量，通过将不同的变量和不同的计算函数搭配，可以实现多种运算。本任务将在HCvisionQuick机器视觉软件上创建多种类型的变量，并详细讲解基础的函数计算和条件语句。

二、能力目标

（1）掌握浮点型变量的相关知识。

（2）掌握点、线、圆变量的相关知识。

（3）掌握IF语句基本原理和相关知识。

三、知识准备

（1）掌握HCvisionQuick机器视觉软件的基础按键和机器视觉的基本原理。

（2）掌握基本的几何知识、最小二乘法等手段拟合点、线、圆等的基本原理。

四、任务实操：变量赋值与比较

1. 活动内容

产品工作如图14-1所示。将产品上的5个圆分别放入圆变量$C1$、$C2$、$C3$、$C4$和

$C5$，同时将5个圆心分别放入点变量$P1$、$P2$、$P3$、$P4$和$P5$中，将产品的4条边长分别放入线变量$L1$、$L2$、$L3$和$L4$中，并通过计算器比较得到产品的长和宽。

通过试验，可以完成点、线、圆变量的赋值，以及IF语句的应用，赋值的效果如图14-2所示，计算器的计算结果如图14-3所示。

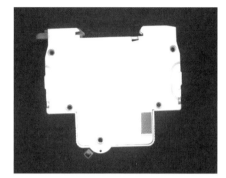

图14-1 工件图片

图14-2 赋值结果

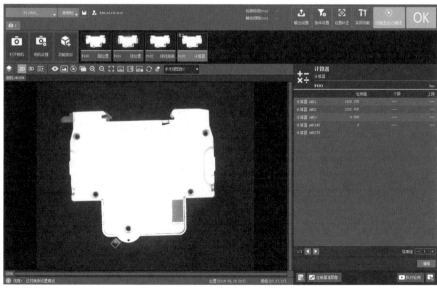

图14-3 计算器计算结果

2. 活动流程

活动流程如图14-4所示。

图14-4　变量赋值与比较活动流程

3. 操作步骤

（1）添加基础工具。

①加载图片，如图14-5所示。

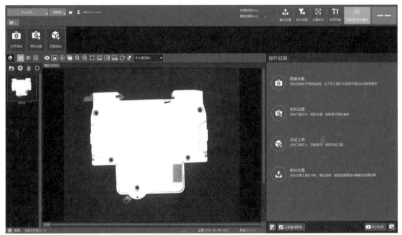

图14-5　加载图片

②注册基准图像，点击"注册基准图像"，点击"注册"，点击"关闭"，如图14-6所示。

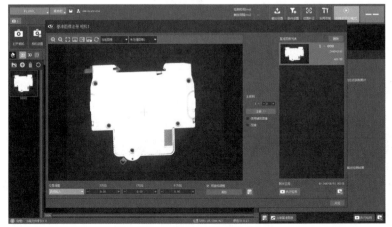

图14-6　注册基准图像

③添加"圆位置"工具，绘制合适的ROI，调整位置，使它圈住一个圆的区域，找到圆和圆心，如图14-7和图14-8所示。

图14-7　添加"圆位置"工具

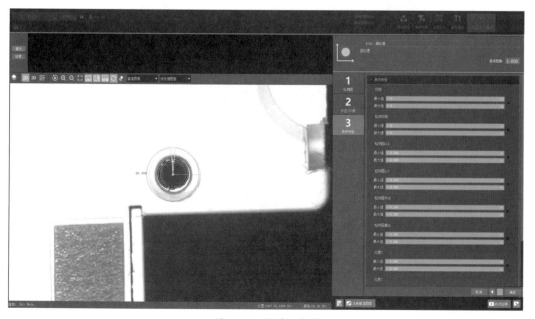

图14-8　找到一个圆

④通过多次添加ROI，使得其他4个圆和圆心也被找到，如图14-9和图14-10所示。

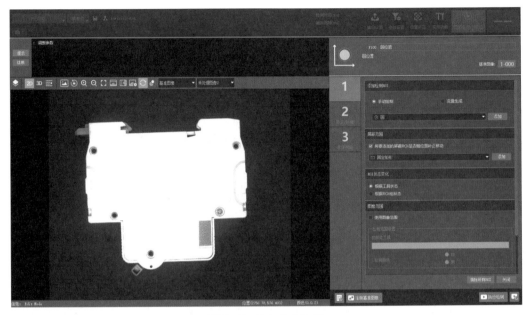

图14-9　添加多个ROI

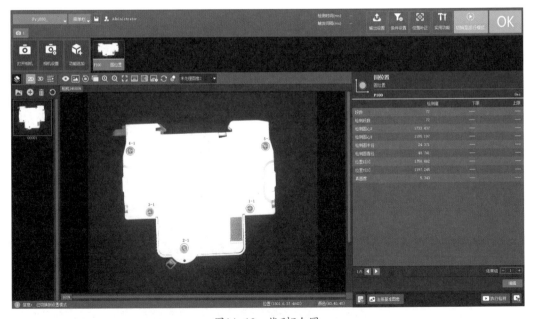

图14-10　找到5个圆

⑤添加"线位置"工具，绘制合适的ROI，调整位置，使它找到一条边，如图14-11和图14-12所示。

图14-11 添加"线位置"工具

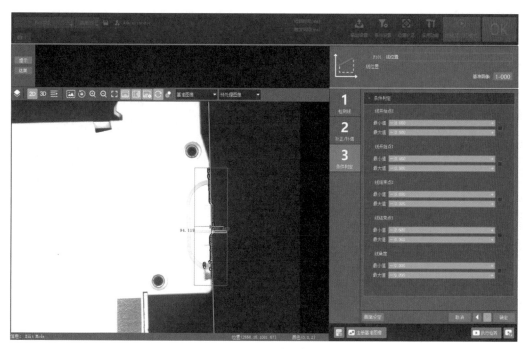

图14-12 找到一条线

⑥通过多次添加ROI，使得其他3条边也被找到，如图14-13所示。

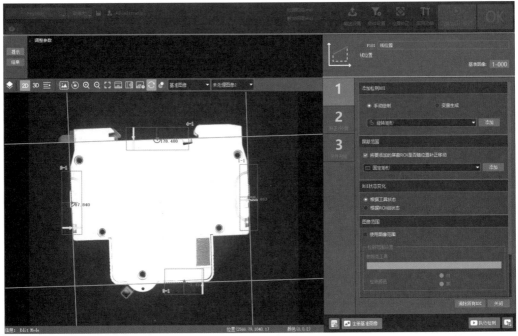

图14-13　找到4条线

⑦添加"线线距离"工具，添加两组ROI，通过前面找到的线，分别测量出产品的
边长，如图14-14和图14-15所示。

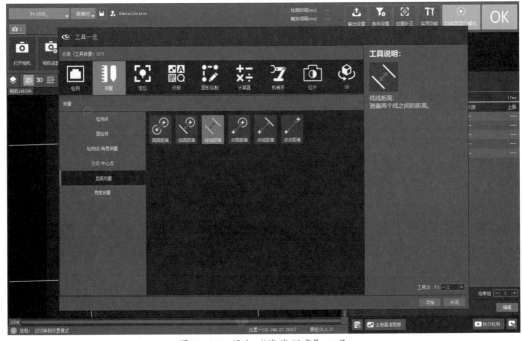

图14-14　添加"线线距离"工具

236

236

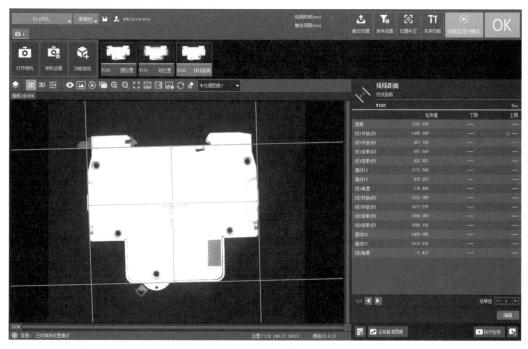

图14-15　测量出产品的边长

（2）添加变量。

在实用功能的设置变量中，添加点变量$P1$、$P2$、$P3$、$P4$和$P5$，添加圆变量$C1$、$C2$、$C3$、$C4$和$C5$，添加线变量$L1$、$L2$、$L3$和$L4$，添加浮点型变量$N1$和$N2$，如图14-16至图14-21所示。

图14-16　添加变量

图14-17　添加点变量

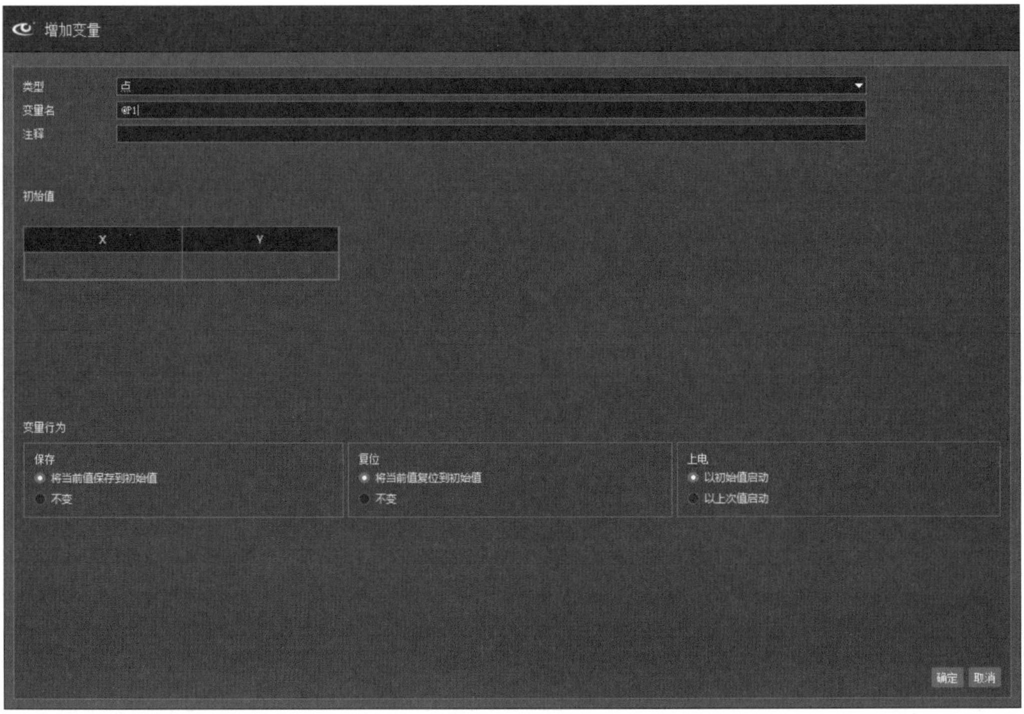

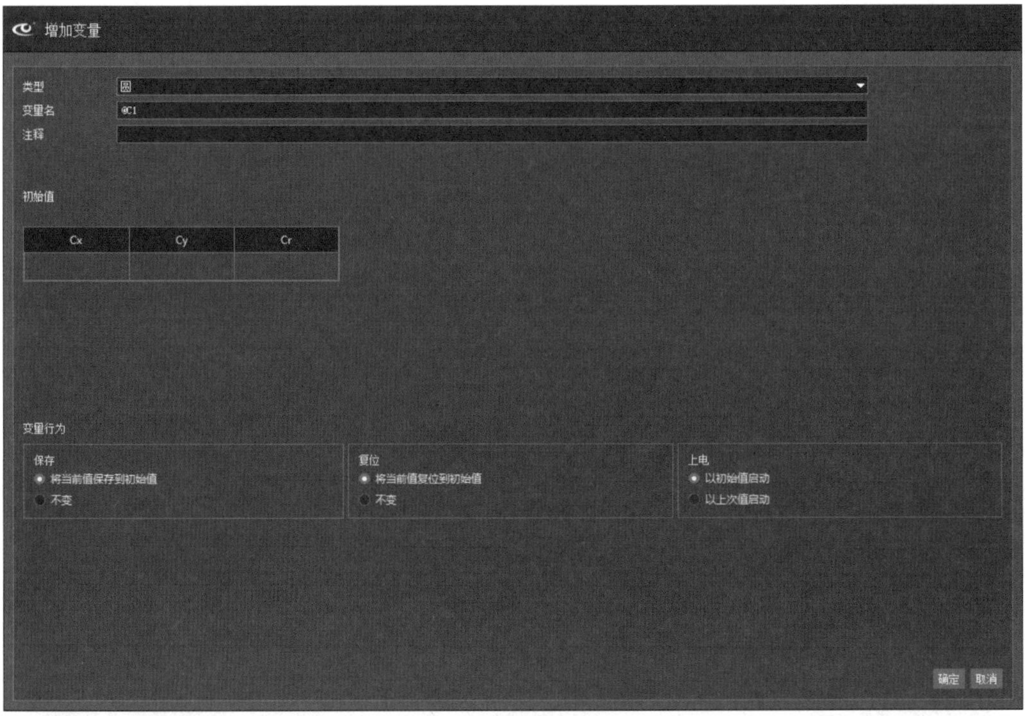

图14-18　添加圆变量

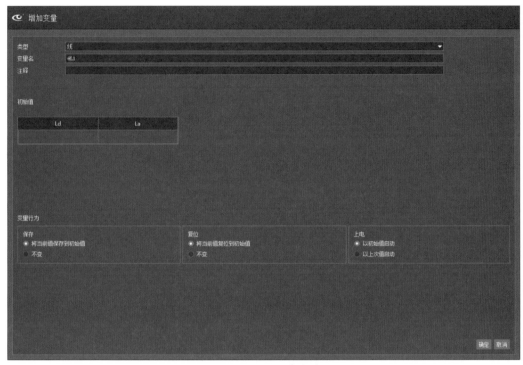

图14-19　添加线变量

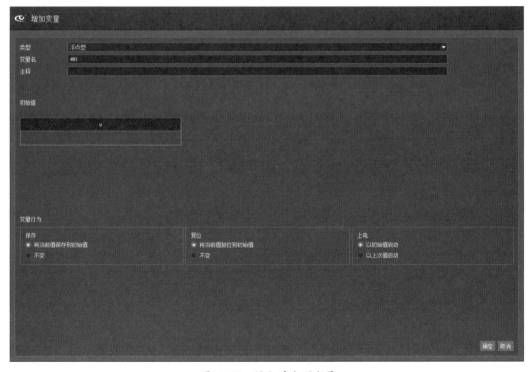

图14-20　添加浮点型变量

图14-21　变量添加完成

（3）变量赋值。

添加"计算器"工具，点击"设置表达式"，如图14-22至图14-24所示。

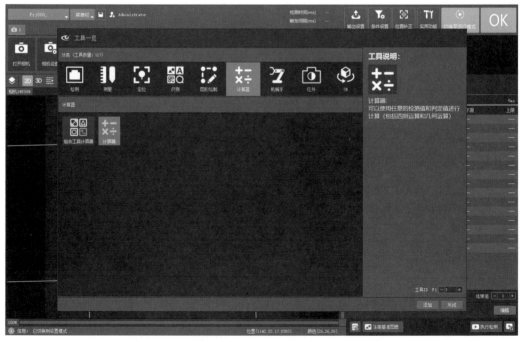

图14-22　添加"计算器"工具

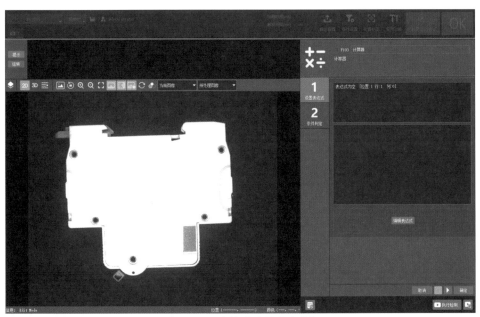

图14-23 选择"设置表达式"

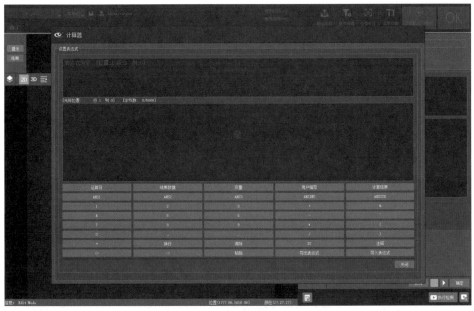

图14-24 计算器编写界面

在"计算器"工具中，对点变量$P1$、$P2$、$P3$、$P4$和$P5$，圆变量$C1$、$C2$、$C3$、$C4$和$C5$，线变量$L1$、$L2$、$L3$和$L4$，浮点型变量$N1$和$N2$，分别赋值。变量可以在变量一栏中选择，也可以手动输入。赋值可以在结果数据一栏中选择。如图14-25至图14-27所示。

在计算器中加入以下内容：

@P1=[测量值.相机1.F100_圆位置.Roi1.7_检测圆心XY]

@P2=[测量值.相机1.F100_圆位置.Roi2.7_检测圆心XY]

@P3=[测量值.相机1.F100_圆位置.Roi3.7_检测圆心XY]

@P4=[测量值.相机1.F100_圆位置.Roi4.7_检测圆心XY]

@P5=[测量值.相机1.F100_圆位置.Roi5.7_检测圆心XY]

@C1=[测量值.相机1.F100_圆位置.Roi1.42_圆]

@C2=[测量值.相机1.F100_圆位置.Roi2.42_圆]

@C3=[测量值.相机1.F100_圆位置.Roi3.42_圆]

@C4=[测量值.相机1.F100_圆位置.Roi4.42_圆]

@C5=[测量值.相机1.F100_圆位置.Roi5.42_圆]

@L1=[测量值.相机1.F101_线位置.Roi1.46_线]

@L2=[测量值.相机1.F101_线位置.Roi2.46_线]

@L3=[测量值.相机1.F101_线位置.Roi3.46_线]

@L4=[测量值.相机1.F101_线位置.Roi4.46_线]

@N1=[测量值.相机1.F102_线线距离.Roi1.1_距离]

@N2=[测量值.相机1.F102_线线距离.Roi2.1_距离]

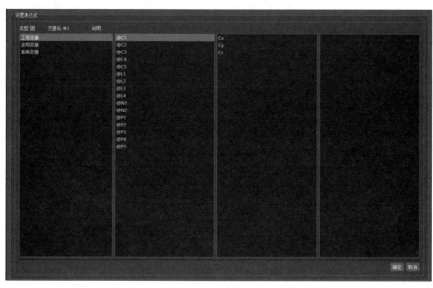

图14-25 选择变量

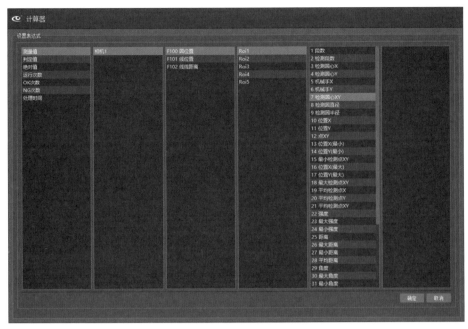

图14-26　赋值选择

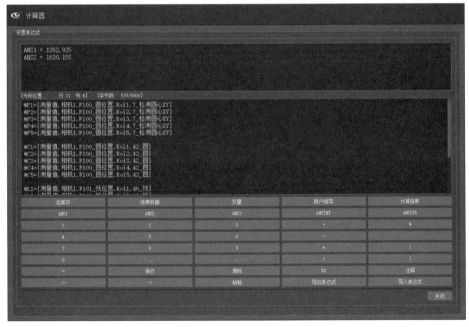

图14-27　计算器输入

（4）大小比较。

在"计算器"工具中，写入IF THEN语句和ELSE语句，这两个语句可以从运算符一栏中选择。通过IF语句，对前面得到的$N1$和$N2$比较大小，得到ANS1为产品的长，得到ANS2为产品的宽。如图14-28和图14-29所示。

在计算器中加入以下内容：

IF @N1>=@N2

THEN

ANS1=@N1

ANS2=@N2

ELSE

ANS1=@N2

ANS2=@N1

ENDIF

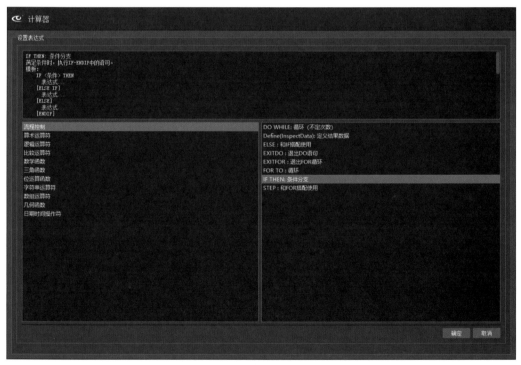

图14-28　运算符选择

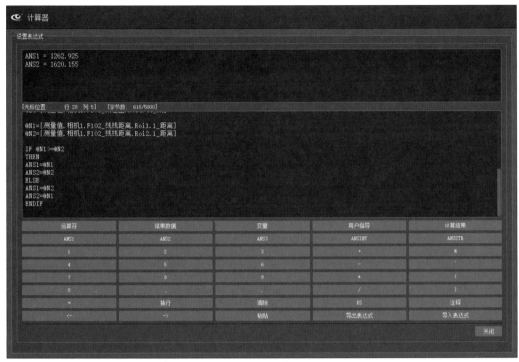

图14-29　计算器输入

4. 能力提升

在"计算器"工具中，除了基础的点、线、圆变量，还有点数组、线数组、圆数组。它们的添加与赋值如图14-30至图14-34所示。

在计算器中加入以下内容：

@P[0]=[测量值.相机1.F100_圆位置.Roi1.7_检测圆心XY]

@P[1]=[测量值.相机1.F100_圆位置.Roi2.7_检测圆心XY]

@P[2]=[测量值.相机1.F100_圆位置.Roi3.7_检测圆心XY]

@P[3]=[测量值.相机1.F100_圆位置.Roi4.7_检测圆心XY]

@P[4]=[测量值.相机1.F100_圆位置.Roi5.7_检测圆心XY]

@C[0]=[测量值.相机1.F100_圆位置.Roi1.42_圆]

@C[1]=[测量值.相机1.F100_圆位置.Roi2.42_圆]

@C[2]=[测量值.相机1.F100_圆位置.Roi3.42_圆]

@C[3]=[测量值.相机1.F100_圆位置.Roi4.42_圆]

@C[4]=[测量值.相机1.F100_圆位置.Roi5.42_圆]

@L[0]=[测量值.相机1.F101_线位置.Roi1.46_线]

@L[1]=[测量值.相机1.F101_线位置.Roi2.46_线]

@L[2]=[测量值.相机1.F101_线位置.Roi3.46_线]

@L[3]=[测量值.相机1.F101_线位置.Roi4.46_线]

图14-30　创建点数组

图14-31　创建圆数组

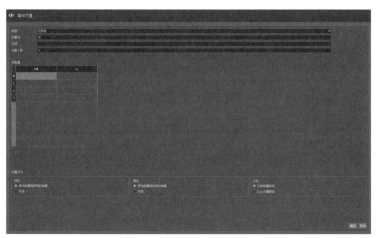

图14-32　创建线数组

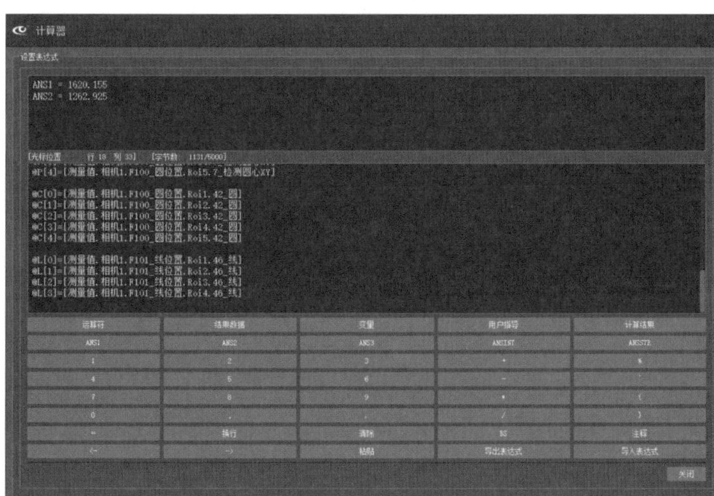

图14-33　计算器输入

图14-34　得到结果

五、相关知识与技能

程序代码中可以直接使用ANS1~ANS3（浮点型，显示3位小数）、ANSINT（整数型）、ANSSTR（字符型）五个变量，计算器程序运行结束后这四个变量的值就是计算器工具最终的输出，用于结果判定、统计分析、通信输出等。

用户输入完毕后，点击"计算结果"，上面的结果框就会显示计算结果。

如果用户的输入有误，会指示错误位置，并通过鼠标定位，错误提示如表14-1所示。

表14-1　计算器错误提示

错误提示	应对方法
工具循环依赖错误	计算器使用了某个工具的数据，那这个工具就不能依赖该计算器工具。另外，计算器工具不能使用关于本计算器的结果数据
无法获取数据	删除对应的工具/ROI后，计算器中的表达式可能会失效，需要重新编辑
类型不匹配	查看运算符的参数类型是否和指导一致，查看赋值符号左右两端的类型是否一致
数组越界	查看数组的下标是否超过最大值。数组下标从0开始
运算符运算错误	检查运算符的参数类型是否正确，运算符的操作数个数是否正确
系统变量无法赋值	系统变量只可读，不可写
语句模板错误	检查输入，FOR-TO、IF-ENDIF等需要遵从模板设定输入，才能正确运算

六、思考与练习

（1）在哪里可以创建变量（　　　）。

A. 输出设置　　　B. 条件设置　　　C. 位置补正　　　D. 实用功能

（2）在计算器的哪里可以添加IF语句（　　　）。

A. 运算符　　　B. 结果数值　　　C. 变量　　　D. 用户指导

（3）在计算器的哪里可以添加变量（　　　）。

A. 运算符　　　B. 结果数值　　　C. 变量　　　D. 用户指导

（4）在计算器的哪里可以添加工具的结果（　　　）。

A. 运算符　　　B. 结果数值　　　C. 变量　　　D. 用户指导

（5）在计算器中的IF语句，可以和什么语句搭配（　　　）。

A. Do　　　B. WHILE　　　C. ELSE　　　D. STEP

参考答案：（1）D　　（2）A　　（3）C　　（4）B　　（5）C

任务13　计算器编程与应用

本任务基于掌握了前文的HCvisionQuick机器视觉软件基础操作，深入阐述变量和基础函数的复杂用法。

一、任务背景

编程是编定程序的中文简称，就是让计算机代码解决某个问题，对某个计算体系规定一定的运算方式，使计算体系按照该计算方式运行，并最终得到相应结果的过程。为了使计算机能够理解人的意图，人类就必须将需解决的问题的思路、方法和手段通过计算机能够理解的形式告诉计算机，使得计算机能够根据人的指令一步一步去工作，完成某种特定的任务。这种人和计算体系之间交流的过程就是编程。FOR循环是编程语言中一种循环语句，而循环语句由循环体及循环的判定条件两部分组成。

在HCvisionQuick机器视觉软件中可以创建多种类型的变量，通过将不同的变量和不同的计算函数搭配，可以实现多种运算，如FOR循环。本任务将在HCvisionQuick机器视觉软件上创建字符串变量，并详细讲解FOR循环的编写。

二、能力目标

（1）掌握字符串变量的相关知识。

（2）掌握Define函数的相关知识。

（3）掌握FOR循环的基本原理和相关知识。

三、知识准备

（1）掌握HCvisionQuick机器视觉软件的基础按键、机器视觉的基本原理和计算器的基础操作。

（2）掌握浮点型和字符串的相关知识。

四、任务实操：计算器编写循环

1. 活动内容

产品工作如图15-1所示。将产品上的5个圆心的坐标通过计算器输出，要求输出的格式为字符串，具体格式为"[X:＿＿;Y:＿＿][X:＿＿;Y:＿＿][X:＿＿;Y:＿＿][X:＿＿;Y:＿＿][X:＿＿;Y:＿＿]"，其中下划线中分别写入圆心X和Y的坐标。

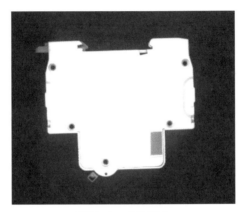

图15-1　工件图片

通过试验，可以完成字符串的赋值，以及FOR循环的应用，字符串赋值的效果如图15-2所示，计算器的计算结果如图15-3所示。

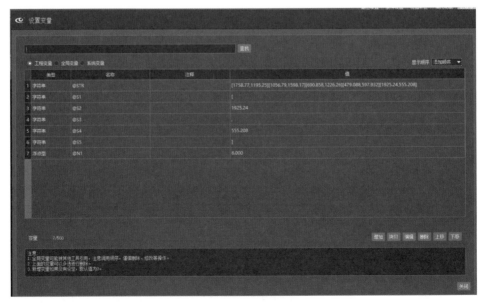

图15-2　赋值结果

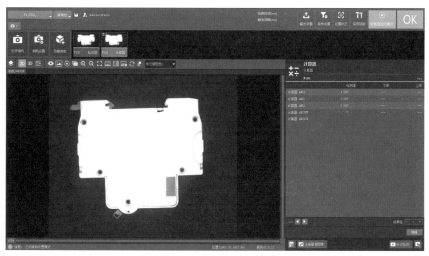

图15-3　计算器计算结果

2. 活动流程

活动流程如图15-4所示。

添加基础工具　→　添加变量　→　编写循环

图15-4　计算器编写循环活动流程

3. 操作步骤

（1）添加基础工具。

①加载图片，如图15-5所示。

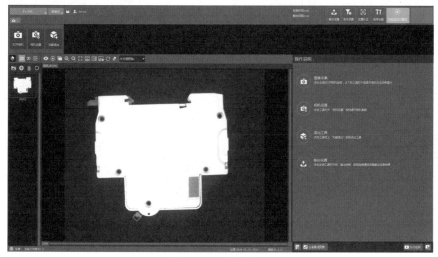

图15-5　加载图片

②注册基准图像，点击"注册基准图像"，点击"注册"，点击"关闭"，如图
15-6所示。

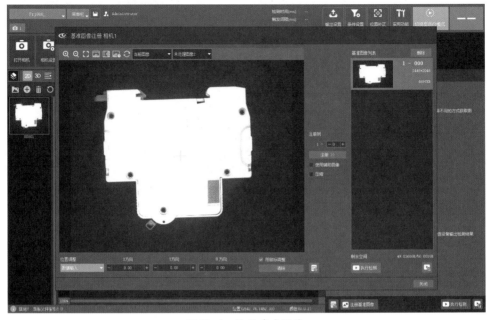

图15-6　注册基准图像

③添加"圆位置"工具，绘制合适的ROI，调整位置，使它圈住一个圆的区域，使
得找到圆和圆心，如图15-7和图15-8所示。

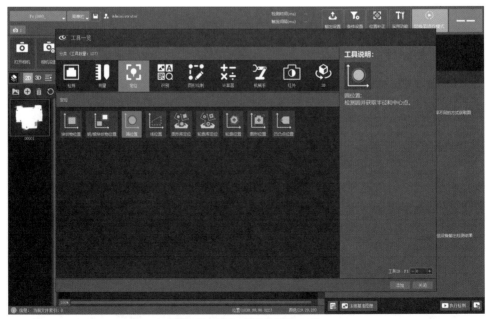

图15-7　添加"圆位置"工具

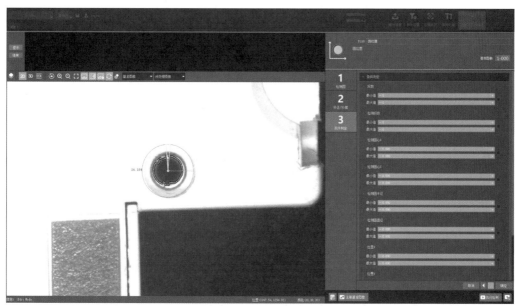

图15-8　找到一个圆

④通过多次添加ROI，使得其他4个圆和圆心也被找到，如图15-9和图15-10所示。

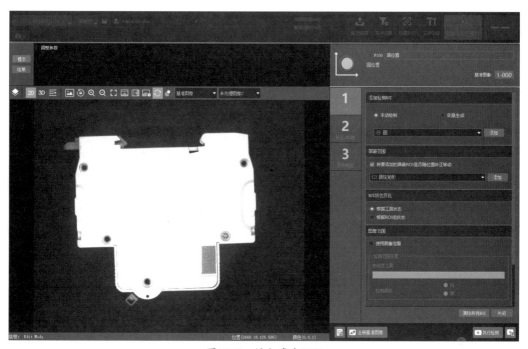

图15-9　添加多个ROI

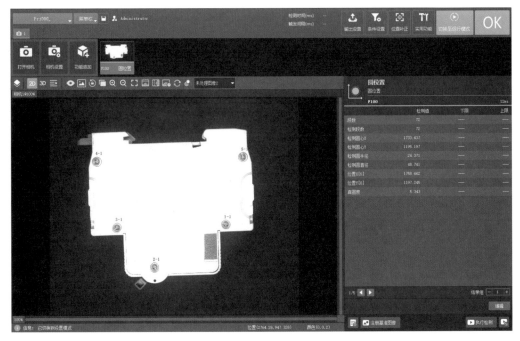

图15-10　找到5个圆

（2）添加变量。

在实用功能的设置变量中，添加字符串变量$S1$、$S2$、$S3$、$S4$、$S5$和STR，添加浮点型变量$N1$，如图15-11至图15-14所示。

图15-11　添加变量

254

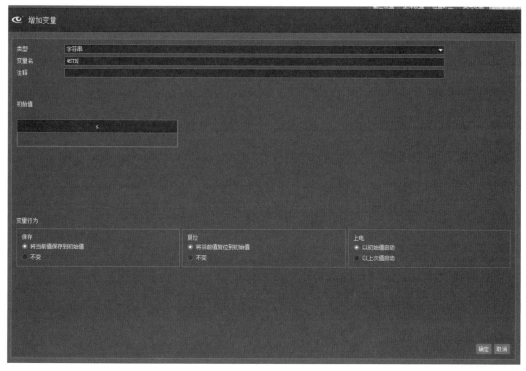

图15-12　添加字符串变量

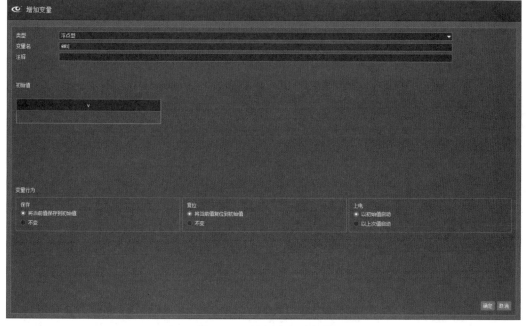

图15-13　添加浮点型变量

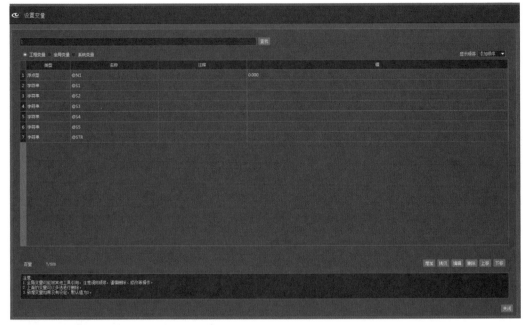

图15-14　变量添加完成

（3）编写循环。

添加"计算器"工具，点击"设置表达式"，如图15-15至图15-17所示。

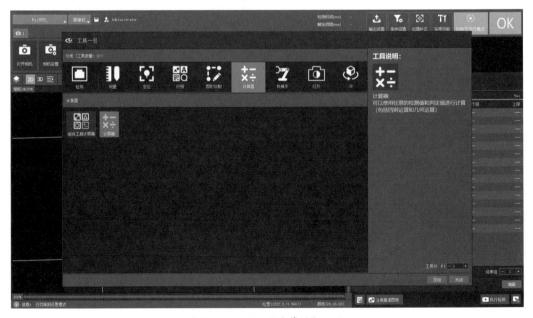

图15-15　添加"计算器"工具

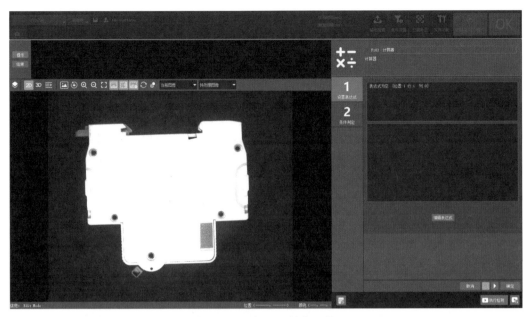

图15-16　选择"设置表达式"

图15-17　计算器编写界面

变量可以在变量一栏中选择，也可以手动输入。这里需要用到的函数有
"Define""FOR TO""StrFmt""StrCat"等，这些函数可以在运算符一栏中选择，
如图15-18至图15-21所示。

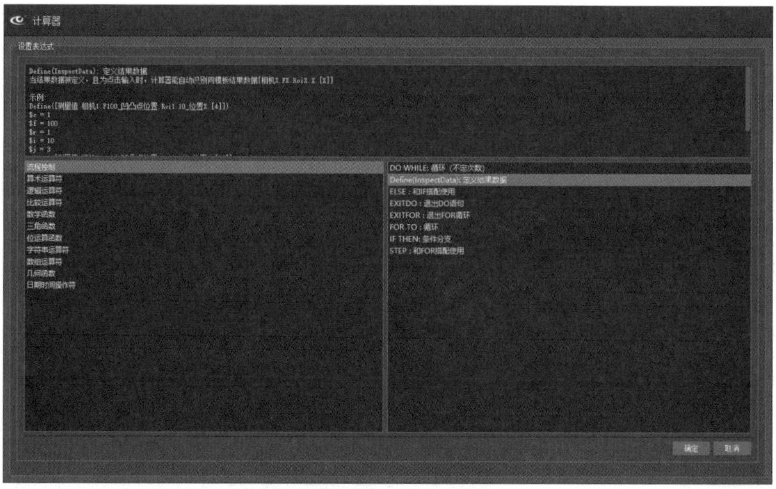

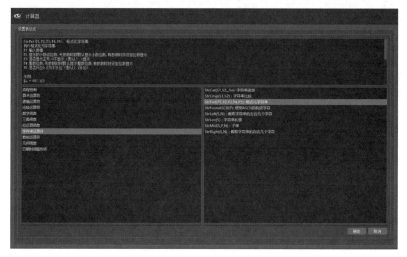

图15-18 "Define"函数

图15-19 "FOR TO"函数

图15-20 "StrFmt"函数

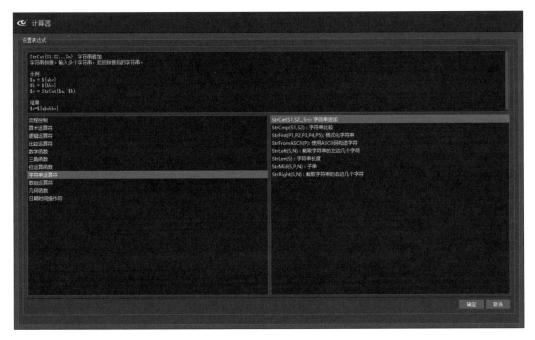

图15-21　"StrCat"函数

然后在计算器中输入以下内容：

Define（[测量值.相机1.F100_检测圆.Roi1.10_位置X.[0]]）

Define（[测量值.相机1.F100_检测圆.Roi1.11_位置Y.[0]]）

@S1=${[}

@S3=${,}

@S5=${]}

@STR=${}

FOR @N1=1 TO 5

@S2=StrFmt（[测量值.相机1.F100_检测圆.Roi@N1.10_位置X.[0]]）

@S4=StrFmt（[测量值.相机1.F100_检测圆.Roi@N1.11_位置Y.[0]]）

@STR=StrCat（@STR,@S1,@S2,@S3,@S4,@S5）

NEXT

ANS1=1

计算器输入的内容如图15-22所示。

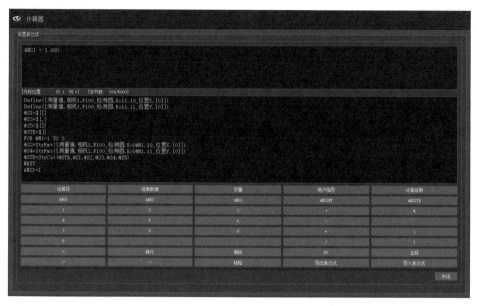

图15-22　计算器输入

4．能力提升

在前面的"计算器"工具中，用到的函数有"Define""FOR TO""StrFmt"
"StrCat"。这些函数都有它们特定的含义。

其中"Define"函数指的是Define（InspectData）：定义结果数据。

当结果数据被定义，且为点击输入时，计算器能自动识别同模板结果数据。

[相机X.FX.RoiX.X.[X]]

示例：

Define（[测量值.相机1.F100_凹凸点位置.Roi1.10_位置X.[4]]）

$c = 1

$f = 100

$r = 1

$i = 10

$j = 3

ANS1= [测量值. 相机$c. F$f_凹凸点位置. Roi$r. $i_位置X. [$j]]

结果：

ANS1=[测量值. 相机1. F100_凹凸点位置. Roi1. 10_位置X. [3]]

"FOR TO"函数指的是FOR TO：循环，按指定次数执行FOR-NEXT间语句。

模板：

FOR<变量> = <初始值> TO <终值> [STEP <步长>]

表达式

NEXT

说明：

每循环一次，变量增加一次步长。当变量不超过终值时，执行循环。

步长可以省略（省略时默认为1）。

循环中执行到 EXIT FOR 语句时，退出循环，执行 NEXT 的下一行。

示例：

$a = 0

FOR $i = 1 TO 3

$a = $a + $i

NEXT

ANS1 = $a

结果：

$ANS1=6

"StrFmt"函数指的是StrFmt（P1，P2，P3，P4，P5）：格式化字符串。

将P1格式化为字符串

P1：输入数据

P2：显示的小数点位数，无参数时按默认显示小数位数，有参数时按设定位数显示

P3：是否显示正号，0不显示（默认），1显示

P4：整数位数，无参数时按默认显示整数位数，有参数时按设定位数显示

P5：是否补位0,0为不补位（默认），1补位0

示例：

$a = 987.123

$s1 = StrFmt（$a）

$s2 = StrFmt（$a, 2）

$s3 = StrFmt（$a, 2, 1）

$s4 = StrFmt（$a, 2, 1, 5）

$s5 = StrFmt（$a, 2, 1, 5, 1）

结果：

$s1 = ${987.123}

$s2 = ${987.12}

$s3 = ${+987.123}

$s4 = ${+987.12}

$s5 = ${+00987.12}

"StrCat"函数指的是StrCat（S1, S2…Sn）： 字符串追加。

字符串拼接。输入多个字符串，返回拼接后的字符串。

示例：

$a = ${abc}

$b = ${bbc}

$c = StrCat（$a, $b）

结果：

$c=${abcbbc}

通过对"Define""FOR TO""StrFmt""StrCat"这些函数含义的理解，就可以理解前面计算器所编写的内容了。

Define（[测量值. 相机1.F100_检测圆.Roi1.10_位置X. [0]]）

这句指的是定义结果数据[测量值. 相机1. F100_检测圆. Roi1.10_位置X. [0]]，为了后面替换Roi序号做铺垫。

Define（[测量值. 相机1.F100_检测圆.Roi1.11_位置Y. [0]]）

这句指的是定义结果数据[测量值. 相机1. F100_检测圆. Roi1.11_位置Y. [0]]，为了后面替换Roi序号做铺垫。

@S1=${[}

这句指的是将 "[" 写入字符串S1中。

@S3=${,}

这句指的是将 "," 写入字符串S3中。

@S5=${]}

这句指的是将 "]" 写入字符串S3中。

@STR=${}

这句指的是将字符串STR清空。

FOR @N1=1 TO 5

这句指的是将浮点数N1从1到5赋值。

@S2=StrFmt（[测量值. 相机1. F100_检测圆. Roi@N1.10_位置X. [0]]）

这句指的是将浮点数N1替换结果数据[测量值. 相机1. F100_检测圆. Roi1.10_位置X. [0]]中的Roi1，并将结果格式化写入字符串S2中。

@S4=StrFmt（[测量值. 相机1. F100_检测圆. Roi@N1.11_位置Y. [0]]）

这句指的是将浮点数N1替换结果数据[测量值. 相机1.F100_检测圆. Roi1.11_位置Y. [0]]中的Roi1，并将结果格式化写入字符串S4中。

@STR=StrCat（@STR,@S1,@S2,@S3,@S4,@S5）

这句指的是将字符串STR、S1、S2、S3、S4、S5进行拼接，并写入字符串STR中。而在字符串拼接中加入字符串STR，为的是实现字符串的累加，如果没有字符串STR，结果会只显示一个点。

NEXT

这句指的是循环到此结束。

ANS1=1

这句指的将 "1" 赋值入ANS1中。

五、相关知识与技能

"计算器" 工具是一个可编程的数据处理工具，支持各种数学运算符，大量内建函数，以及分支循环流程控制，用户自定义变量等常见编程算法。

计算器可以由小键盘输入，或者外接键盘输入。输入的字符串计算器会自动解析运算。计算器按行解析。每行只能写一个语句。光标位置显示当前的编辑位置，以及文本字符数统计。最多限制为5 000个字符。

用户变量是由"$"字符开头，加若干字母和数字构成。变量的类型会自动推断，即第一次赋值时确定。$a=1定义一个用户变量，赋值为1，$a 的类型为数值型。

ANS1=$a

ANS1运算后等于1。

点击计算器面板上"变量"按钮，还可以使用"工程变量""全局变量""系统变量"。

计算器还拥有其他非常多的功能。

1. 取整函数

计算器运算符提供4个取整函数，定义见：数学函数。

在软件的计算器示例中，已经将含义和示例写得很清楚。Int（P）：取整，去掉小数部分。

示例：

Int（1.2）= 1

Int（−1.2）= − 1

Floor（P）：向下取整，即取小于或等于 P 的整数。

示例：

Floor（1.2）= 1

Floor（− 1.2）= −2

Ceil（P）:向上取整，即取大于或等于 P 的整数。

示例：

Ceil（1.2）= 2

Ceil（− 1.2）= −1

Round（P）:四舍五入取整，即取与 P 差值最小的整数。

示例：

Round（1.2）= 1

Round（1.7）= 2

2. 嵌套循环

示例：

二维数组拆解成一维数组。

@ll_data：为输入的二维数组

@l_data：为输出的一维数组

$n1 = ListSize（@ll_data）

'行数

$n2 = ListSize（@ll_data[0]）

'列数

@l_data = ListResize（@l_data,$n1*$n2）

$n=0

'一维数组下标

FOR $i = 0 TO $n1−1

FOR $j = 0 TO $n2−1

@l_data[$n] = @ll_data[$i][$j]

$n = $n+1

NEXT

NEXT

3．字符串拼接

示例：

凹凸点工具输出点集，将点集输出到字符串，形如：

All:5;[0]X:528.832,Y:241;[1]X:526.747,Y:246;[2]X:525.851,Y:251;[3]X:525.506,Y:256;[4]X:524.776,Y:261;

思路：

根据每个点构建字符串[0]X:528.832,Y:241，然后将字符串拼接，最后加上设定的头字符串 All:5。

@pl=[测量值.相机 3.F301_凹凸点位置．Roi1.14_点 XY]

$n=ListSize（@pl）

'点数

@s_out=${}

'清空输出

FOR $i = 0 TO $n−1

$p=@pl[$i]

'当前点

$index=StrCat（${[},StrFmt（$i），${]}）

'构造[$i]字符串

$str_x=StrFmt（$p.X）

$str_y=StrFmt（$p.Y）

$str_tmp=StrCat（$index,${X:},$str_x,${,},${Y:},$str_y,${;}）

'构造字符串[0]X:528. 832,Y:241。

@s_out=StrCat（@s_out,$str_tmp）

'拼接

NEXT

@s_out=StrCat（${All:},StrFmt（$n），${;},@s_out）

'加头

ANSSTR=@s_out

输出：

All:5;[0]X:528.832,Y:241;[1]X:526.747,Y:246;[2]X:525.851,Y:251;[3]X:525.506,Y:256;[4]X:524.776,Y:261;Y:261

六、思考与练习

（1）"Define"函数的作用（　　　）。

A．循环　　　　B．格式化字符串　　　C．定义结果数据　　　D．字符串追加

（2）"FOR TO"函数的作用（　　　）。

A．循环　　　　B．格式化字符串　　　C．定义结果数据　　　D．字符串追加

（3）"StrFmt"函数的作用（　　　）。

A．循环　　　　B．格式化字符串　　　C．定义结果数据　　　D．字符串追加

（4）"StrCat"函数的作用（　　　）。

A．循环　　　　B．格式化字符串　　　C．定义结果数据　　　D．字符串追加

（5）在计算器中的FOR语句使用中，（　　　）表示其结束。

A．Do　　　　　B．NEXT　　　　　C．ELSE　　　　　D．STEP

参考答案：（1）C　　（2）A　　（3）B　　（4）D　　（5）B

第五篇

机器视觉实战

任务14 半导体行业实战
——芯片检测

本任务将介绍HCvisionQuick机器视觉软件实战的流程。在对软件流程的基本操作和应用功能中的一些基本概念有初步了解的基础上，通过组合应用详细演示整个机器视觉项目的流程。

一、任务背景

半导体是电子信息产业，是信息时代的基础。半导体产业最上游是IC设计公司与硅晶圆制造公司，IC设计公司依据客户的需求设计出电路图，硅晶圆制造公司则以多晶硅为原料制造出硅晶圆。中游的IC制造公司主要的任务就是把IC设计公司设计好的电路图移植到硅晶圆制造公司制造好的硅晶圆上。完成后的硅晶圆再送往下游的IC封测厂实施封装与测试。在这些生产过程中均离不开机器视觉的检测。

通过HCvisionQuick机器视觉软件可以实现对半导体产品的定位、检测、测量和识别等功能。

二、能力目标

（1）掌握机器视觉的项目流程。

（2）熟练使用运行画面、条件设定、以太网等功能，建立机器视觉工程。

三、知识准备

HCvisionQuick机器视觉软件系统会根据来料情况采集图像，将处理结果按照需要的信息输送到下级设备。一种典型的应用过程是，光电传感器感应到检测对象靠近，产生一个脉冲电信号，视觉处理系统的输入端口接收这个信号，然后调用相机采集图像，当处理完后将结果经输出端口输送给下级设备，如报警器或PLC等。由于输出端口一般可看作存在导通和阻断两种状态，而检测对象也对应着良品和次品两种检测结果，将二者对应起来，即可通过端口输出状态获知检测结果，如图16-1所示。

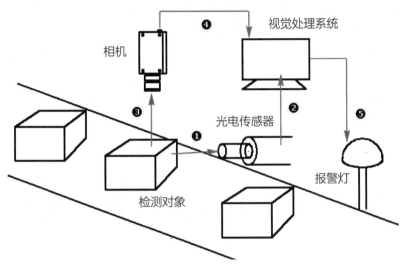

①光电传感器检测到物料到达
②光电传感器发送电信号到视觉处理系统的输入端口
③视觉处理系统接收到光电信号，触发相机采集一幅图像
④视觉处理系统对采集图像进行处理
⑤视觉处理系统处理结果以电平（或脉冲）形式经输出
　端口输出，控制报警灯的状态

图16-1　机器视觉工作流程

在软件工程中，应用位置补正功能、条件设定功能、以太网输入输出功能，可以建立完整的机器视觉处理流程。在软件切换至运行模式后，以太网输入指定的触发信号，软件按照位置补正功能和条件设定功能的设定运行，可得到与需求期望一致的结果。

 四、任务实操：芯片检测

1. 活动内容

操作HCvisionQuick机器视觉软件，在软件工程中，添加工具（轮廓位置、中心节距、瑕疵、二维码），应用位置补正功能、条件设定功能、以太网输入输出功能，建立完整的机器视觉处理流程，实现图形检索、尺寸测量、瑕疵检测、二维码识别、位置补正、条件设定和运行画面功能，完成对芯片的检测，显示效果如图16-2和图16-3所示。

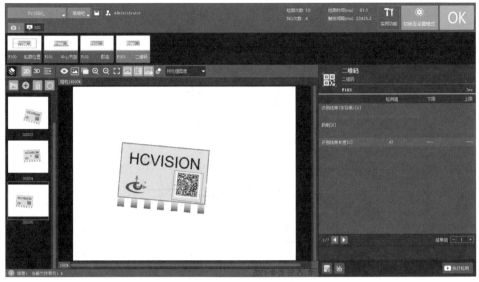

图16-2 所有工具运行

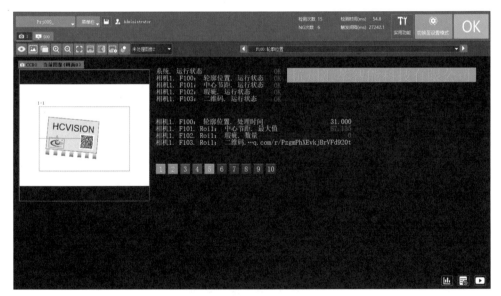

图16-3 运行画面显示

2. 活动流程

主要实现步骤是添加工具，应用位置补正功能、条件设定功能和以太网设置后，运行软件查看运行状态，操作流程如图16-4所示。

图16-4　芯片检测活动流程

3. 操作步骤

（1）加载图像。

加载图像，如图16-5所示。

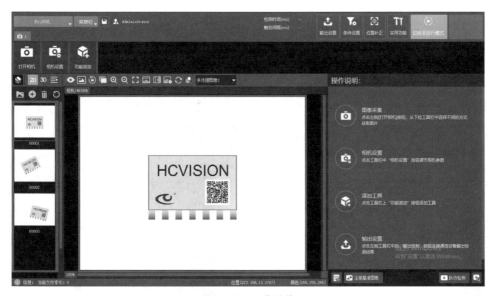

图16-5 加载图像

注册基准图像，点击"注册基准图像"，点击"注册"，点击"关闭"，如图16-6所示。

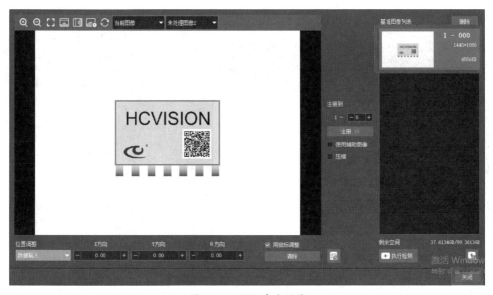

图16-6 注册基准图像

（2）添加工具。

添加"轮廓位置""中心节距""瑕疵""二维码"等工具，点击"功能追加"，选择工具分类模块中指定的工具。

①"轮廓位置"工具，绘制检测ROI，使每张图像都在检测范围内，绘制学习ROI，使图像的蓝色LOGO在检测范围内，设置角度范围参数为180°，条件判定中数量的最小值和最大值都设为1。如图16-7至图16-9所示。

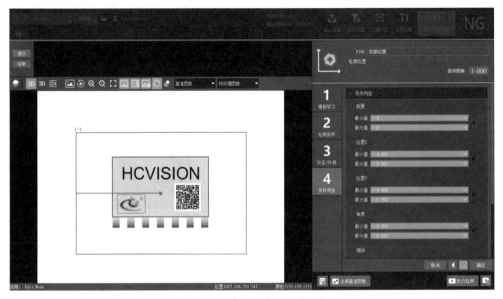

图16-7　"轮廓位置"工具检测ROI

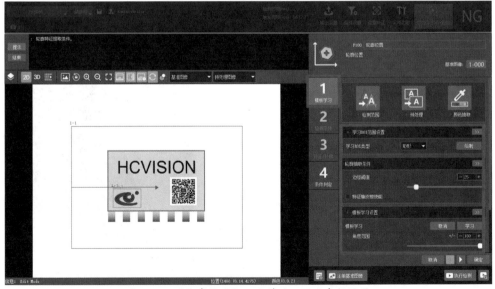

图16-8　"轮廓位置"工具学习ROI及参数设置

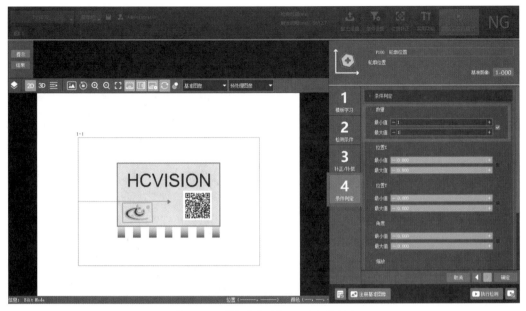

图16-9 "轮廓位置"工具条件判定

②"中心节距"工具,绘制检测ROI,使每张图像都在检测范围内,设置检测条件中的参数;条件判定中最大值的最小值设为85、最大值设为88,如图16-10至图16-12所示。

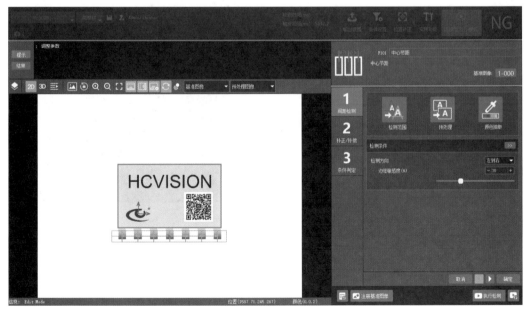

图16-10 "中心节距"工具检测ROI范围

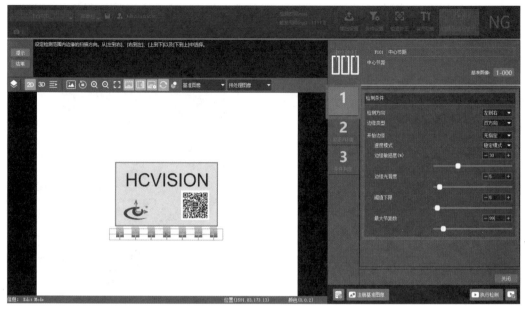

图16-11 "中心节距"工具参数设置

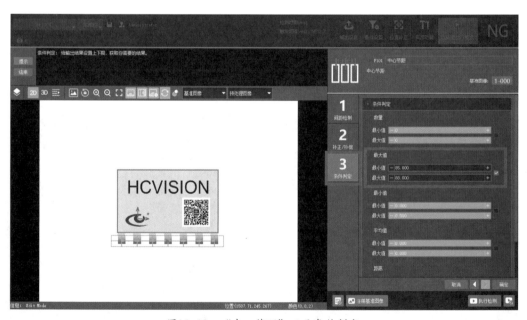

图16-12 "中心节距"工具条件判定

③"瑕疵"工具，绘制检测ROI，使每张图像都在检测范围内，设置检测条件中的参数，条件判定中数量的最小值和最大值都设为1。如图16-13至图16-15所示。

图16-13　"瑕疵"工具检测ROI范围

图16-14　"瑕疵"工具参数设置

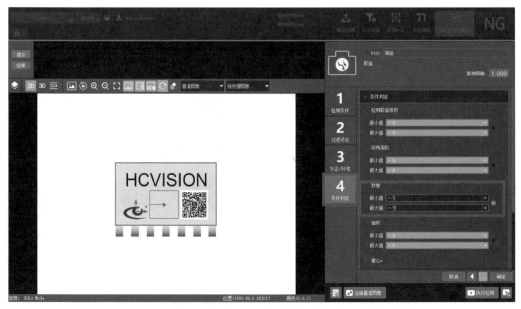

图16-15 "瑕疵"工具条件判定

④"二维码"工具，绘制检测ROI，使每张图像都在检测范围内，设置二维码选项中的参数，条件判定中识别结果为二维码的识别结果，码制为QR-Code码制。如图16-16至图16-18所示。

图16-16 "二维码"工具检测ROI范围

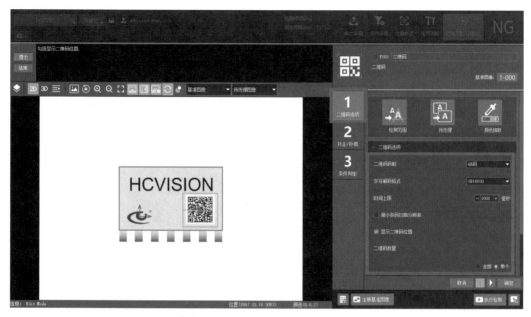

图16-17 "二维码"工具参数设置

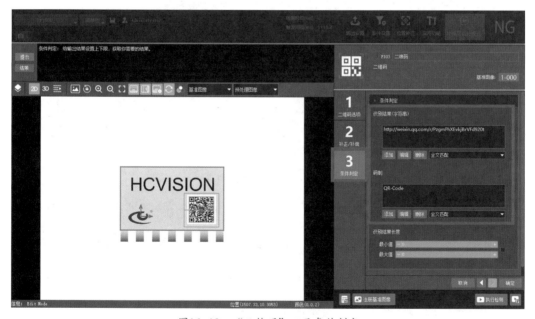

图16-18 "二维码"工具条件判定

（3）位置补正、条件设定和以太网设置。

应用位置补正和条件设定功能，如图16-19和图16-20所示。

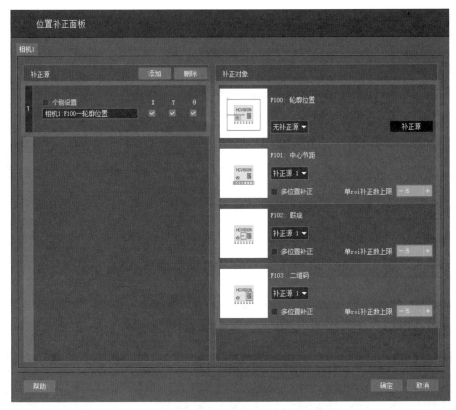

图16-19 补正源、补正对象设置

图16-20 条件设定

应用以太网通信功能，设置以太网参数，如图16-21和图16-22所示。

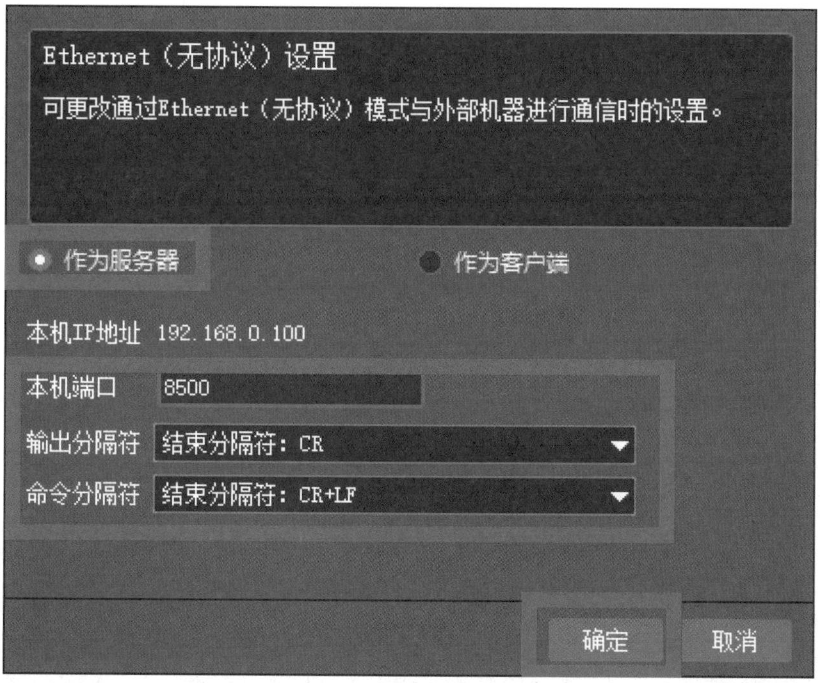

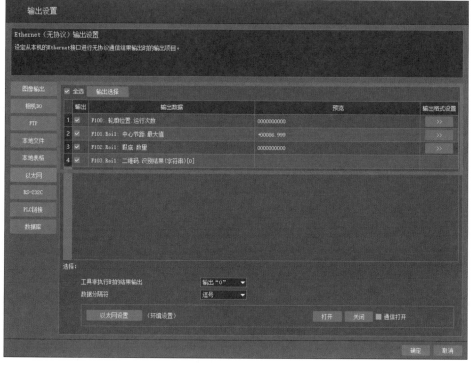

图16-21 以太网参数设置

图16-22 以太网输出设置

（4）运行画面设定。

应用运行画面设定，追加图像组件、判定值组件、检测值组件、跑马灯组件、字符串组件，如图16-23至图16-28所示。

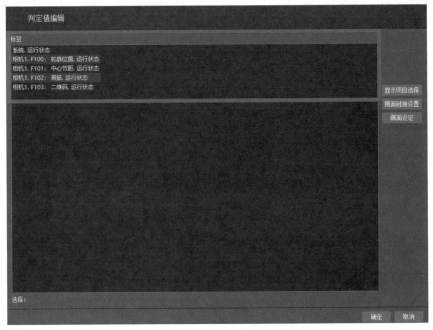

图16-23　判定值编辑

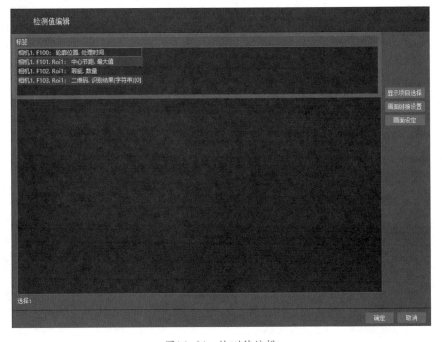

图16-24　检测值编辑

图16-25　跑马灯设置

图16-26　字符串编辑

图16-27　画面设定

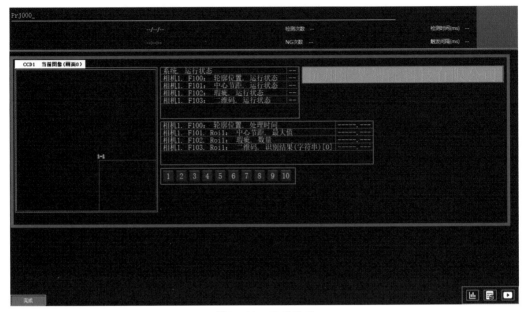

图16-28 画面显示

（5）综合应用验证。

打开NetAssist通信网络调试助手工具，设置参数，如图16-29所示。

图16-29 网络调试助手参数设置

软件由设置模式切换至运行模式。NetAssist通信网络调试助手工具，发送触发指令："C001+分隔符"，点击"发送"，查看运行，结果如图16-30至图16-38所示。

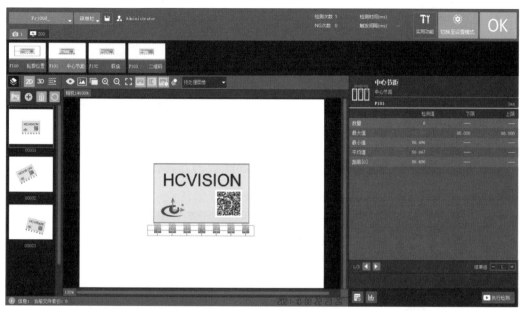

图16-30　"中心节距"工具OK状态

图16-31　"中心节距"工具NG状态

图16-32　"瑕疵"工具OK状态

图16-33　"瑕疵"工具NG状态

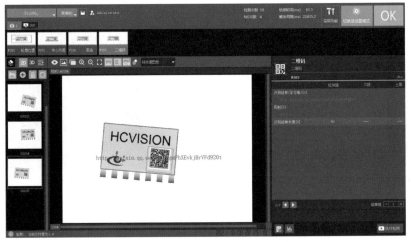

图16-34　"二维码"工具OK状态

图16-35　所有工具运行

图16-36　"瑕疵"和"二维码"工具不运行

图16-37　"二维码"工具不运行

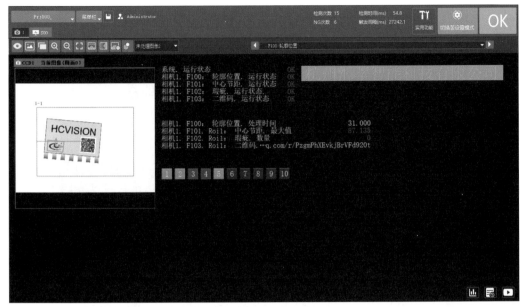

图16-38　运行画面显示

五、相关知识与技能

在HCvisionQuick机器视觉软件的主界面点击右上方的OK/NG按钮，弹出"综合判定设置"对话框，如图16-39所示。

综合判定设置中可以设置相机间逻辑和工具间逻辑。也可以从主菜单中的"综合判定设置"中弹出。

1. 相机间逻辑

与：只要工程中有一个相机NG时，综合结果为NG。

或：只有工程中所有相机NG时，综合结果才为NG。

2. 工具间逻辑

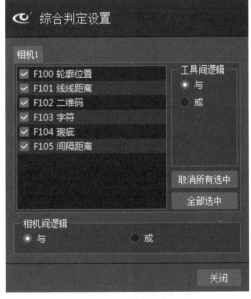

图16-39　综合判定设置

与：只要当前相机中有一个工具NG时，该相机结果为NG。

或：只有当前相机中所有工具NG时，该相机结果才为NG。

六、思考与练习

（1）综合应用的流程顺序，下列正确的是（　　　）。

A.图像采集→相机设置→添加工具→输出设置

B.相机设置→图像采集→添加工具→输出设置

C.图像采集→添加工具→相机设置→输出设置

D.图像采集→相机设置→输出设置→添加工具

（2）在综合应用中，下列正确的是（　　　）。

A.位置补正→条件设定→添加工具→输出设置

B.添加工具→位置补正→条件设定→输出设置

C.条件设定→添加工具→位置补正→输出设置

D.条件设定→位置补正→输出设置→添加工具

（3）综合应用的流程顺序，下列正确的是（　　　）。

A.图像采集→运行画面设定→添加工具→输出设置

B.运行画面设定→图像采集→添加工具→输出设置

C.图像采集→添加工具→输出设置→运行画面设定

D.图像采集→运行画面设定→输出设置→添加工具

参考答案：（1）C　　　（2）B　　　（3）C

任务15 食品行业实战 ——瓶盖检测

本任务将展示机器视觉在瓶盖生产过程中的喷码识别项目中的实际应用。通过对机器视觉知识系统的理解，熟练掌握HCvisionQuick机器视觉软件的具体操作步骤，提升在机器视觉项目中的实施水平。

 **一、任务背景**

食品是指以农副产品为原料，通过物理加工或利用酵母发酵的方法制造出的产品。随着食品行业中对于安全性的要求逐步提高，喷码在该行业的生产中成为必须项，也是全生产链可追溯的信息源头。因此，喷码的质量成为各大企业关注的重点。高速生产过程中，人为检验喷码质量只能采用抽检的方式，效率低下，并且不能及时发现异常情况。视觉检测方式可以满足喷码非接触式全检，并且能够及时发现异常情况，避免造成损失从而成为喷码检测的最佳选择。

本任务检测要求为：检测液体瓶瓶盖上是否有喷码，瓶盖上喷码内容的识别，喷码日期是否与当天时间一致，瓶盖顶部封膜区域是否超出规定范围，并使用以太网（无协议）输出相应的检测结果。本任务将通过HCvisionQuick机器视觉软件详细讲解项目实施的操作流程。

二、能力目标

（1）明确项目需求，制订光学方案，选择合适的机器视觉硬件配置。

（2）能够分析项目需求，选择对应的检测工具完成需求检测。

（3）正确输出项目需要的检测信息。

 **三、知识准备**

（1）掌握HCvisionQuick机器视觉软件的基础按键、机器视觉的基本原理。

（2）掌握运行画面、条件设定、以太网、变量与计算器等功能的基础操作。

四、任务实操：瓶盖检测

1. 活动内容

能够正确选择视觉测试环境相关硬件型号，熟练运用检测工具检测喷码有无，如图17-1至图17-4所示。

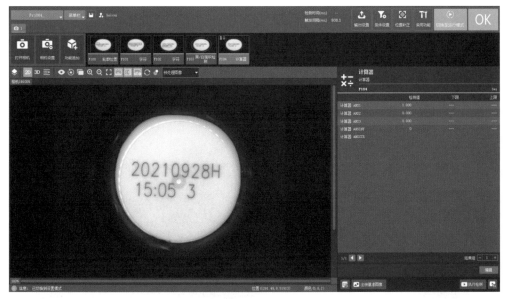

图17-1　合格产品

图17-2　喷码缺失（1）

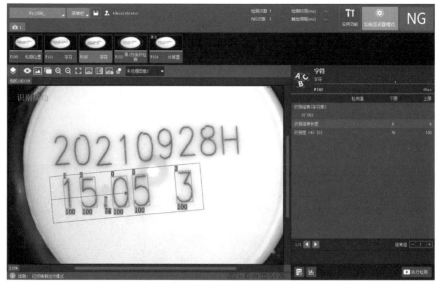

图17-3　喷码缺失（2）

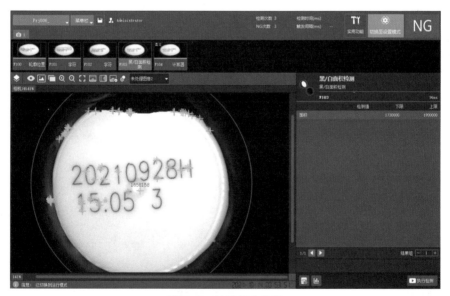

图17-4　封膜超出范围

2. 活动流程

活动流程如图17-5所示。

图17-5　瓶盖检测活动流程

3. 操作步骤

（1）测试准备。

测试实物如图17-6所示，搭建视觉测试环境需要的基本硬件如表17-1所示。

图17-6 实物图片

表17-1 视觉配件清单

序号	名称	型号	数量
1	视觉处理机（含软件）	HC-AQL6201S	1
2	工业相机	130万像素	1
3	镜头	工业镜头	1
4	光源	环光	1
5	相机电源线	3 m	1
6	相机网线	3 m	1
7	光源延长线	3 m	1
8	实验架	—	1
9	被测对象	液体瓶喷码	—
10	个人电脑（含通信测试软件）	—	1

（2）搭建测试环境。

①将视觉处理机、工业相机、镜头、光源、相机电源线、相机网线、光源延长线等在实验架上按照图17-7所示搭建完成。

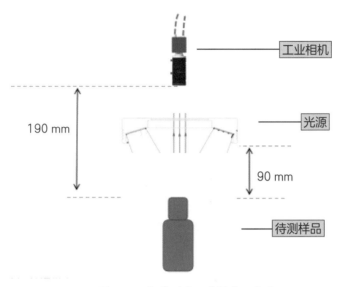

图17-7 视觉测试环境搭建示意图

②连接相机，将相机触发设置修改为"内触发"，如图17-8所示。启动对应的光源接口，将亮度调整到"255"，如图17-9所示。由于产品是运动过程中拍摄图像，所以相机"曝光时间"设置到"300 us"，然后通过调整镜头的光圈调节图像亮度，调整焦距圈达到清晰的效果，如图17-10所示。

图17-8 触发设置

图17-9　光源参数设置

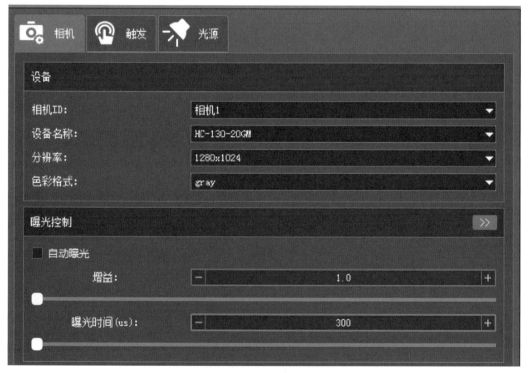

图17-10　曝光参数设置

　　③注册基准图像。图像视野大小合适且调试清晰后，点击"注册基准图像"，如图17-11所示。

图17-11 注册基准图像

（3）添加检测工具。

①添加"轮廓位置"工具。

在"功能追加"选项里选择"轮廓位置"工具，该工具可作为定位基准。

在工具的"模板学习"选项中定位ROI尽可能包括瓶盖所有范围，模板训练区域选择字符"20"，因为在生产过程中，其他时间信息会发生变化不能作为定位模板，"20"数字基本不会有变化。

因为图像为白底黑字，所以"边缘阈值"参数为默认值即可。在实际生产过程中输送喷码的角度是随机的，因此"角度范围"参数设为"±180°"，才能兼容任意方向的喷码。点击"学习"按钮，软件系统自动生成该参数条件下的模板。在"检测条件"的"条件判定"选项中设置相应检测参数。设置完成后的检测效果如图17-12所示。

②添加"字符"工具。

在"功能追加"选项里选择"字符"工具。

先处理第一行喷码内容，由于喷码与背景区别明显，工具内的"行定位"和"字符定位"选项的参数为默认值即可。在"训练"选项内逐个对字符进行训练，建立完善的字符库。在"条件判定"选项内设置字符识别的判定条件，字符识别结果长度设置为9。设置完成后点击"确定"按钮，识别效果如图17-13所示。

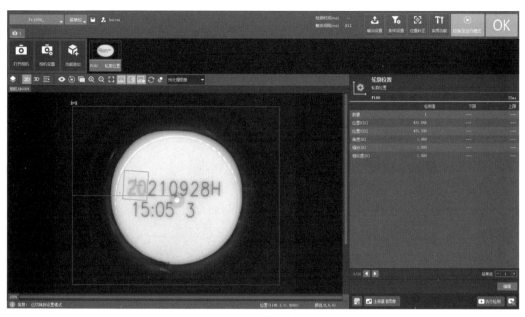

图17-12　添加"轮廓位置"工具

图17-13　添加"字符"工具

按照第一行的操作步骤，添加"字符"工具，进行第二行内容的识别，识别效果如图17-14所示。

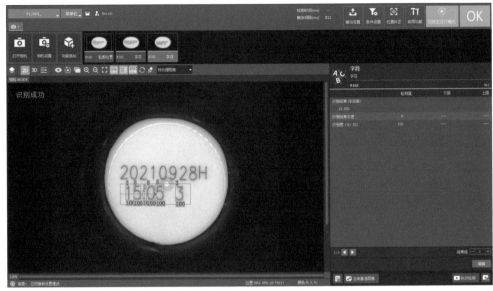

图17-14 字符识别效果

③添加"黑/白面积检测"工具。

在"功能追加"选项里选择"黑/白面积检测"工具，该工具可用于检测盖子表面封膜是否超出要求范围。

在"参数设定"选项里"灰度阈值"参数选择自动阈值，"颜色检测设定"参数检测白色面积。在条件判定界面，经过小批量测试，正常的封膜，白色区域的面积为33万至40万像素范围，因此"面积"参数的上下限就设置为"33万"和"40万"。添加完成后点击右下角的"确定"按钮，返回"输出设置"界面，如图17-15所示。

图17-15 黑白面积检测效果

（4）位置补正和计算器的使用。

①在所有检测工具都添加完成后，进入"位置补正"界面，以"轮廓位置"为补正源，将补正对象设置补正源，保证任意角度的喷码，其他工具都能正常进行识别、判断，如图17-16所示。

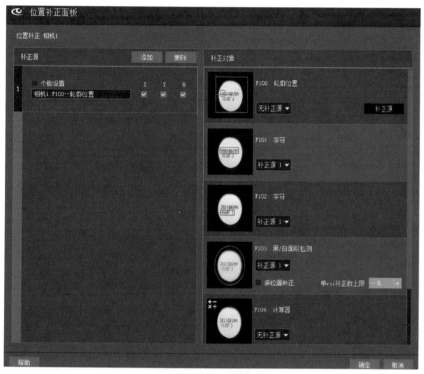

图17-16　相机设置界面

②喷码识别通过两个"字符"工具完成，因此喷码内容为两个独立的部分，而客户实际需要的内容为一个整体的喷码信息。所以需要将两个工具识别的内容进行合并，通过添加"计算器"工具完成字符合并。计算器内容如图17-17所示。

其中$a、$b为临时变量，可以提高计算器编写的灵活性。也可以在变量选项里添加自定义变量在计算器里使用。

图17-17　计算器

先将两个"字符"工具识别的字符串赋值给两个临时变量，然后通过字符串合并函数，将两部分内容合并到一起得到客户所需的喷码内容。

（5）设置通信参数。

根据需求，设置以太网（无协议）服务器，依次在输出列表里添加喷码识别结果，"黑/白面积检测"工具运行状态和相机1运行状态等，如图17-18所示。

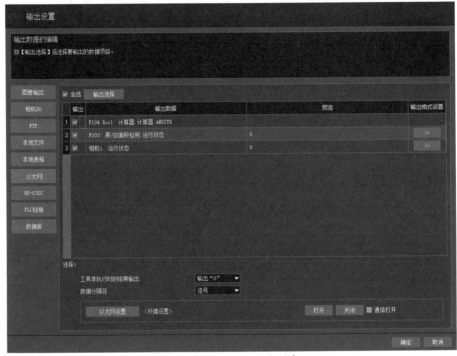

图17-18 添加通信输出列表

以太网设置窗口，确定视觉处理器作为服务器，确定"本机IP地址"：192.168.0.100，"本机端口"：8500。设置"输出分隔符""命令分隔符"都为：CR，如图17-19所示。将通信端口打开，将相机触发改为"软件外触发"，视觉软件切换到"运行模式"。

（6）综合应用验证。

①设置以太网（无协议）客户端。设置客户端网络IP地址：192.168.0.99。

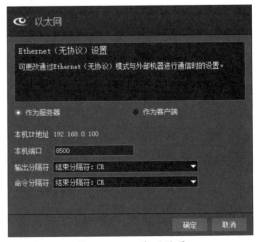

图17-19 以太网设置

启动"网络调试助手"，在网络设置界面，选择"协议类型"为"TCP Client"。"远程主机地址"输入服务器IP地址：192.168.0.100。"远程主机端口"输入：8500，如图17-20所示。

图17-20　设置网络调试助手

②数据通信输出。在"网络调试助手"数据发送栏输入C001，并添加命令分隔符后，点击"发送"，在数据日志窗口会显示软件运行的结果，如图17-21所示。

反馈的内容第一部分为喷码信息，第二部分为瓶盖塑封范围合格，第三部分为相机1所有工具检测合格。

在自定义命令列表中，自定义命令名C001与执行内容T1是相对应的，在发送触发命令时，两者功能是一致的，如图17-22所示。因此"网络调试助手"窗口发送T1能够实现相同的功能，如图17-23所示。

图17-21 通信内容显示

图17-22 自定义命令列表

图17-23 更换触发命令内容的效果

③以太网监视器。在上述通信过程中，以太网监视器中同步显示项目通信的内容，如图17-24所示。

图17-24 以太网监视器显示内容

五、相关知识与技能

随着字符在行业中应用的不断增加，其检测过程中的要求也在不断增加，为了避免设置喷码机信息时出现人为操作失误，造成生产事故。客户要求在识别喷码信息的同时，能够判断当前喷码的日期与实际日期是否一致。以确保喷码的正确性。

上述需求，识别喷码内容只是第一步，然后需要通过计算器的字符串函数切割后获取喷码日期中代表天的数字信息，再通过计算器的变量功能获得系统的当天信息，最后将当天信息赋值给变量。通过逻辑运算对比喷码信息与系统信息是否一致，并输出检测状态。具体的计算器操作步骤如图17-25所示。

图17-25　计算器内容

六、思考与练习

（1）HCvisionQuick机器视觉软件加载相机后，在相机列表里没有显示出相机信息，是因为（　　）。

A. 相机电源线连接异常

B. 相机网线连接异常

C. 相机品牌选择错误

D. 以上都有可能

（2）图像调试过程中，在如图17-26所示的状态时，如下操作不能达到图像清晰状态的是（　　）。

A. 降低光源亮度参数

B. 减小相机触发间隔

C. 减小相机曝光值

D. 增加光圈F值

图17-26　调试图像

（3）"轮廓位置"工具检测过程中发现，只有在一定角度范围时能够正常定位，其他位置均显示检测失败，需要调整哪方面参数（　　）。

A. 将"轮廓位置"工具内"角度范围"参数设置为±180°

B. 将"轮廓位置"工具内"角度范围"参数设置为±90°

C. 将"轮廓位置"工具内条件判定的"相似度下限"减小10%

D. 将"轮廓位置"工具内条件判定的"相似度下限"增加10%

（4）"黑/白面积检测"工具检测过程中ROI不能准确覆盖液体瓶瓶盖区域，是因为（　　）。

A. ROI绘制区域错误

B. 该工具没有进行位置补正

C. 灰度阈值参数设置错误

D. 瓶盖在图像上位置不固定

参考答案：（1）D　　（2）B　　（3）A　　（4）B

任务16 机器人行业实战
——机器人基本操作

本任务主要对工业机器人的概念做一个完整的介绍。工业机器人根据电机区分轴，工业上以四轴、六轴关节机器人应用居多。本任务将围绕六轴机器人展开相关介绍，走近工业机器人的重要一员——多关节串联式机器人，了解六轴工业机器人的简单操作、使用方法及工作原理。

 一、任务背景

工业机器人既是智能装备产业的重要组成部分，也是支撑中国制造业转型升级的重要基础。当前，中国生产制造智能化改造升级的需求日益凸显，工业机器人需求旺盛，市场保持向好发展，其中多关节机器人在中国市场中的销量位居各类型机器人之首。同时，随着中国机器人市场的不断扩大，中国在工业机器人领域的研发投入力度不断加强，国产机器人的市场份额不断扩大，在日益增长的市场需求推动下，中国工业机器人技术创新的主力逐渐从高校和科研院所转移到企业。工业机器人作为自动化技术改造的催化剂，越来越广泛地应用到各行各业，与此同时，就业结构发生变化，相关技术人才需求量急剧增长，工业机器人的相关培训对相关应用人才的培养变得尤为重要。本任务将对HC-AIR6L六轴机器人展开相关介绍。

本章任务包括学习工业六轴关节机器人的使用与示教、坐标系与标定，及六轴关节机器人ARL编程。

二、能力目标

（1）掌握工业六轴关节机器人的使用与示教。

（2）掌握工业六轴关节机器人坐标系与标定。

（3）掌握六轴关节机器人ARL编程。

三、知识准备

HC-AIR6L工业六轴关节机器人本体一个，示教器一个，机器人控制柜一个，相关线缆一套，安装配件一套，工具箱一套。设备准备好后，提供220 V电源插排，连接线缆，搭配系统。

 **四、任务实操：机器人基本操作**

1. 活动内容

HC-AIR6L工业六轴关节机器人的使用与示教及ARL编程。

2. 活动流程

活动流程如图18-1所示。

图18-1　机器人基本操作活动流程

3. 操作步骤

（1）机器人的启动及电气连接。

物料检查完毕后可以将机器人本体、控制柜、示教器摆放固定好，并进行基本电气连接，主要包括示教器连接、电源连接、重载连接。

①连接HC-AIR6L工业机器人控制柜和示教器，如图18-2和图18-3所示。

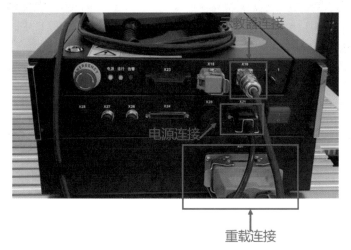

图18-2　HC-AIR6L工业机器人控制柜接口连接图

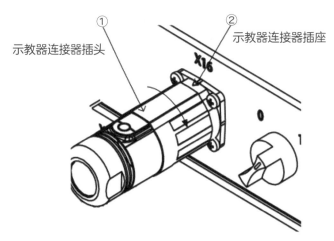

图18-3　工业机器人控制柜与示教器连接图

示教器连接：连接时将图18-3所示①号插头平面与②号插座平面对齐，此时，插头和插座上三角形对齐符号对准，然后将连接器推入，顺时针旋转插头45°，将插头与插座卡紧。拆除时，逆时针旋转插头45°，使①号插头平面和②号插座平面对齐，拔出插头。

控制柜输入电源：输入电源是单相220 V，标配16 A的电源插头。

②HC-AIR6L工业机器人控制柜和机器人本体线缆连接，如图18-4所示。

图18-4　工业机器人本体与控制柜连接图

重载连接：重载连接线一端连接控制柜，一端连接本体，重载连接器带有卡紧及防错插功能，连接时，将重载连接器公插插头插入母插插体，扣紧锁扣即可。

③如图18-5与图18-6所示，基本电气连接完成，检查无误后，可以拨动控制柜上的船型开关，启动机器人。同时，注意将示教器屏蔽旋钮旋到1，表示示教器正常

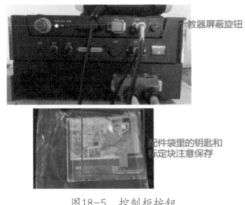

图18-5　控制柜按钮

图18-6　示教器

启用，若旋到0，则会屏蔽示教器。最后将模式切换钥匙插入示教器，并旋到手动低速挡。

④示教器登录如下图18-7所示。

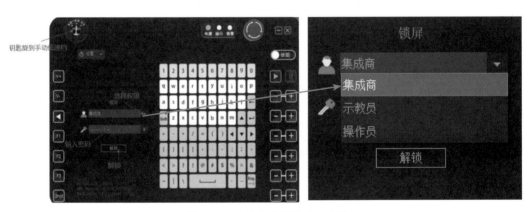

图18-7　示教器登录界面和操作

示教器登录界面设有三种登录权限，分别为集成商、示教员、操作员，其中各权限级别：集成商>示教员>操作员。

集成商权限：用户最高权限，可进行机器人工作程序的编写等操作，拥有大部分参数修改权限。密码可咨询工程师。

示教员权限：可进行机器人工作程序的编写等操作，拥有部分参数修改权限，初始登录密码为"GRACE"。

操作员权限：可简单地查看机器人的位置参数及运行情况，无程序修改、参数修改权限，初始登录密码为"LOVE"。

通过以上步骤工业机器人已被成功启动和连接。

（2）机器人示教器的使用。

登录示教器后，示教器的界面如图18-8所示。

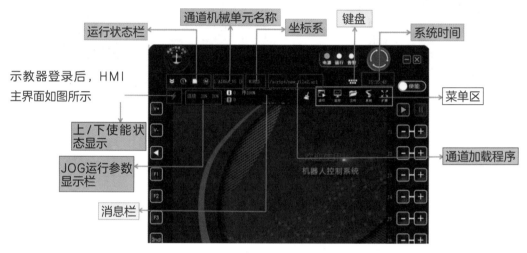

图18-8　示教器登录界面和操作

①示教器主界面的介绍如表18-1所示。

表18-1　示教器主界面说明

编号	名称	说明
1	运行状态栏	显示当前系统运行状态
2	通道机械单元名称	显示当前通道中机械单元的名称通道的切换
3	坐标系	显示当前坐标系
4	通道加载的程序	显示当前通道加载的程序
5	系统软件盘	调出/隐藏系统软键盘
6	系统时间	显示与设置系统时间
7	系统上/下使能状态	手动时系统上/下使能状态显示图标，自动时系统上/下使能按钮
8	JOG运行参数显示栏	设置及显示当前JOG运行的参数
9	消息栏	滚动显示最新一条系统信息，系统信息界面的入口
10	菜单区	提供各功能操作选项

②操作示教器时需要按下使能按键如图18-9所示。

（3）机器人点位示教和编写运行程序。

手动JOG练习：让机器人"动起来"。理解机器人运动形式，能熟练变换机器人的姿态，将机器人移动到不同的目标点位。

点位编辑：在程序编辑器里将点位"串联"起来。通过插入运动指令将目标点位按照顺序存储，形成机器人的运动路径。

点位调试：在程序调试器里让点位"动起来"，让机器人按照存储完成的点位运动。

点位调整：回到程序编辑器对某些点位进行姿态、位置等调整存储新的点位。

图18-9　使能按键

先理解关于JOG区的设置及使用，然后结合现场机器人或者RPsim进行手动JOG的演示。

①点开1，则显示2所示的详细JOG界面，如图18-10所示，选择笛卡尔坐标系，有两种模式。

A.　单轴模式：用户可以控制操作机的每个旋转轴进行正向或者负向运动。

B.　笛卡尔模式：用户可以控制操作机的TCP点沿X轴、Y轴、Z轴正方向或者负方向运动，也可以控制操作机的TCP绕Z轴、Y轴或者X轴旋转。

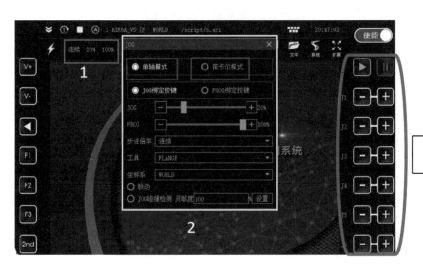

图18-10　JOG界面

②新建一个程序文件。打开文件—文件管理—进入script文件夹—新建一个程序文件，如图18-11与图18-12所示。

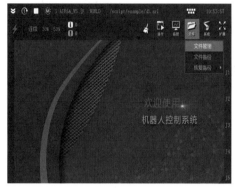

图18-11　文件选项

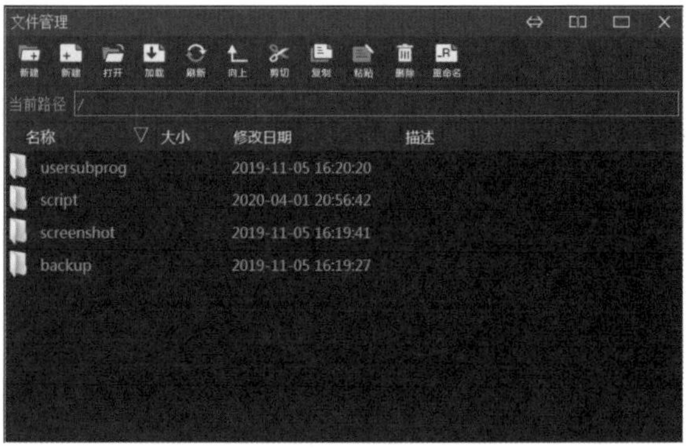

图18-12　文件根目录

③程序文件新建好后，双击打开该文件，便进入程序编辑器，程序编辑器会自动生成一个主程序框架，如图18-13与图18-14所示。

图18-13　文件路径命名

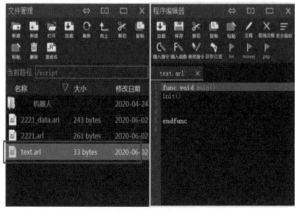

图18-14　编辑界面

④点击插入lin指令，插入movej指令移动机器人多次插入点位示教器，如图18-15与图18-16所示。

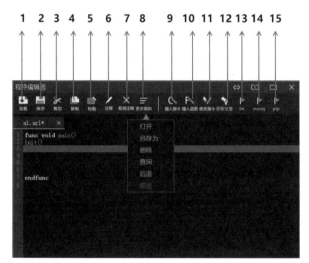

图18-15　编辑器菜单栏

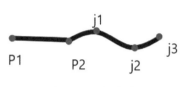

图18-16　轨迹图

图18-15中编辑器菜单说明如表18-2所示。

表18-2　编辑器菜单说明

编号	说明
1	将当前的程序文件加载到程序调试器
2	保存一个程序文件
3	剪切选择的文本
4	复制选择的文本
5	粘贴选择的文本到当前光标所在处
6	点击"注释"按钮，通过"//"将当前行注释掉
7	取消原有的注释
8	更多选项
9	向程序文件中快速添加指令，具体参考手册
10	向程序文件中快速添加函数，具体参考手册
11	打开辅助编程页面，修改光标所在行的指令内容
12	获取当前的点位信息

（续表）

编号	说明
13	快速插入 "lin" 指令
14	快速插入 "movej" 指令
15	快速插入 "PTP" 指令

程序如下所示：

```
func void main（） //主函数声明
init（）  //系统初始化
label: //标签
lin p:p1,vl:100mm/s,s:s1,t:$FLANGE,w:$WORLD //P1直线点位
lin p:p2,vl:100mm/s,s:s2,t:$FLANGE,w:$WORLD //P2直线点位
movej j:j1,vp:5%,sl:0mm,t:$FLANGE //j1关节点位
movej j:j2,vp:5%,sl:0mm,t:$FLANGE //j2关节点位
movej j:j3,vp:5%,sl:0mm,t:$FLANGE //j2关节点位
goto label //跳转语句
Endfunc //结束
```

⑤自动运行要把示教器拧到自动运行位置，然后操作软件上电按钮如图18-17所示，点击开始按钮如图18-18所示。

图18-17 使能位置

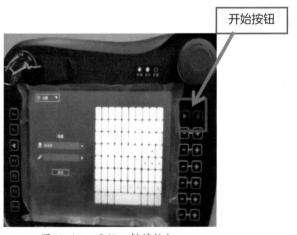

图18-18 开始、暂停按钮

（4）机器人坐标系、辅助功能、文件管理及辅助信息。

①如图18-19所示坐标系的讲解。

机器人坐标系是为了确定机器人的位置和姿态而在机器人或空间上进行定义的位置指标系统，对于六轴机器人，有几个重要的坐标系概念：基坐标系（BASE）、世界坐标系（WORLD）、法兰坐标系（FLANGE）、工具坐标系（tool）、工件坐标系（wobj）、关节坐标系（Joint）。

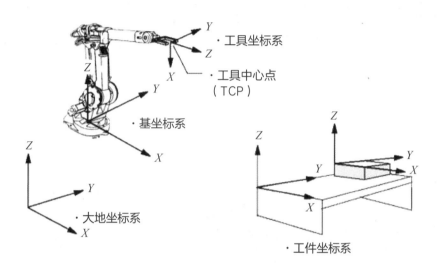

图18-19　坐标系简图

②工具坐标系的标定如图18-20至图18-23所示。

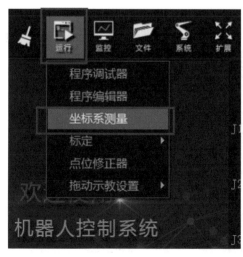

图18-20　工具坐标系标定第一步

图18-21　工具坐标系标定第二步

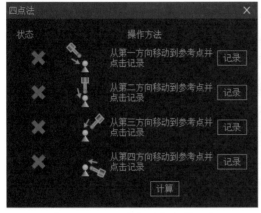

图18-22　工具坐标系标定第三步

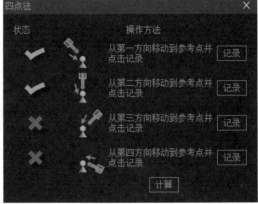

图18-23　工具坐标系标定第四步

③工件坐标系的标定与步骤②同理，辅助技巧如图18-24和图18-25所示，文件管理应用如图18-26和图18-27所示。

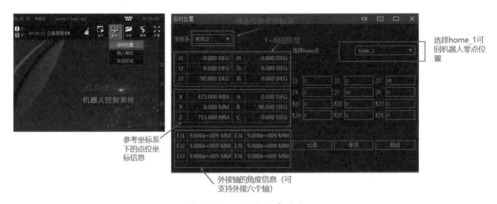

图18-24　位置信息坐标

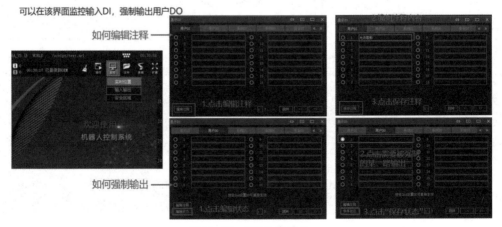

图18-25　DO输出界面

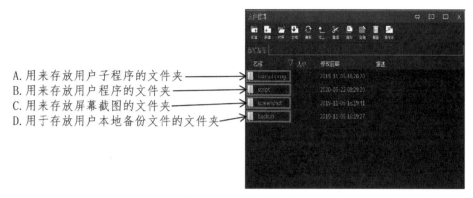

A. 用来存放用户子程序的文件夹
B. 用来存放用户程序的文件夹
C. 用来存放屏幕截图的文件夹
D. 用于存放用户本地备份文件的文件夹

图18-26　文件夹类型

 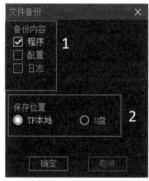 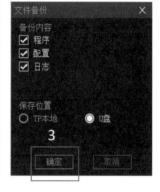

图18-27　文件备份步骤

🖤 五、相关知识与技能

1. 机器人定义

机器人是自动执行工作的机器装置。它既可以接受人类指挥，又可以运行预先编排的程序，也可以根据人工智能技术制定的原则纲领行动。

2. 机器人分类

国际上通常将机器人分为工业机器人和服务机器人两大类。

工业机器人：面向工业领域的多关节机械手或多自由度机器人。

服务机器人：用于非制造业并服务于人类的各种先进机器人。

3. 常见的工业机器人

（1）工业六轴串联关节式机器人。

工业六轴串联关节式机器人是最常见的工业机器人，也是狭义上工业机器人的代

名词，如图18-28所示。特点是使用多个串联旋转关节实现末端的空间覆盖。

应用场景：自动化装配、焊接、上下料、搬运、喷涂等。

优势：精度高，自由度高，5~6轴，适合几乎任何轨迹或角度的工作，可以自由编程，完成全自动化的工作，已形成系列化及标准化的产品，可选择型号较多。

缺点：价格略高。

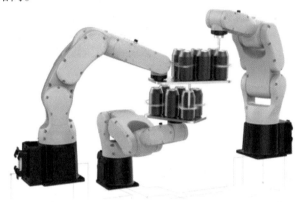

图18-28 工业六轴串联关节式机器人

（2）直角坐标机器人。

直角坐标机器人使用X/Y/Z方向的运动实现末端的空间覆盖，如图18-29所示。机床行业经常使用的桁架机器人也属于直角坐标机器人类型的一种。

应用场景：自动化装配、上下料、搬运等。

优势：精度等级与驱动和传动类型关系较大。空间覆盖率高，占用空间小，自由设计的空间较大，价格适中。

缺点：尺寸过大的情况下难以保证重复使用精度。

图18-29 直角坐标机器人

（3）Delta并联机器人。

Delta并联机器人是并联机器人的一种，采用三轴的共同运动实现末端执行器的运行，如图18-30所示。

应用场景：物料捡取、分类、姿态转换等。

优势：并行三自由度机械臂结构，重复定位精度高，承载能力强、刚度大、自重负荷比小，动态性能好；速度快，可超高速拾取物品。

缺点：普遍负载较小，安装空间较大。

（4）SCARA机器人。

SCARA机器人属于关节机器人的变种，主要使用多节旋转关节，加上末端Z向运动实现圆柱空间的覆盖，如图18-31所示。

图18-30　Delta并联机器人

应用场景：特别适合于装配工作，SCARA机器人大量用于装配印刷电路板和电子零部件，另外还广泛应用于塑料工业、汽车工业、电子产品工业、药品工业和食品工业等领域。

优势：精度高，速度快，结构简单，成本低廉。

缺点：普遍负载较小。

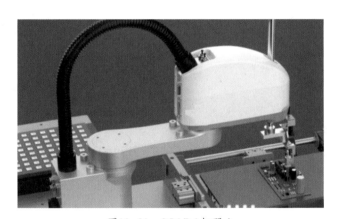

图18-31　SCARA机器人

（5）AGV。

AGV是automated guided vehicle的缩写，即自动引导小车，如图18-32所示。

应用场景：最早应用于仓储业，后在制造业的生产线中大显身手，能高效、准确、灵活地完成物料的搬运任务。近几年出现了复合机器人，即AGV与其他机器人的结合，比如与关节机器人的组合，可在更大空间、跨度满足自动化工作的需求。

优势：导引能力强，定位精度高，自动驾驶作业性能好，AGV是工厂自动化物流的标志。

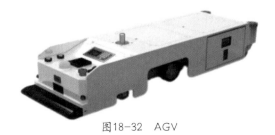

图18-32　AGV

缺点：AGV小车结构复杂且较多采用进口元器件和自设计元器件，价格昂贵；另外，电池维护和磁条更换也有成本支出，在维护成本方面远远高于RGV。

（6）工业领域四大家族品牌，如图18-33至图18-36所示。

图18-33　ABB工业机器人

图18-34　KUKA工业机器人

图18-35　FANUC工业机器人

图18-36　YASKAWA工业机器人

4. 工业机器人安全操作注意事项

（1）安全围栏必须足够牢固，必须是固定、不可移动的，防止操作人员轻易打破或拆除安全围栏，同时安全围栏自身应没有锐边和尖角，不能有潜在的危险部件。且安全围栏外部必须清楚地标示当前机器人处于什么状态（示教、运行、维修）。

（2）操作机器人前，需要首先确认"紧急停止"按钮功能是否正常。检查所有机器人操作必需的开关、显示以及信号的名称及其功能。

（3）操作机器人前，要先确认机器人原点是否正确，各轴动作是否正常。在操作过程中，操作人员应始终保持从正面看机器人。

（4）在示教与维护作业中，绝不允许操作人员在自动运行模式下进入机器人动作范围内，绝不允许其他无关人员进入机器人运动范围内。

（5）始终从机器人的前方进行观察，不要背对机器人进行作业。

（6）始终按预先制定好的操作程序进行操作。

（7）始终具有一个当机器人万一发生未预料的动作而进行躲避的想法，确保自己在紧急的情况下有退路。

（8）示教器用完后须放回原处，并确保放置牢固。如不慎将示教器放在机器人、夹具或地上，当机器人运动时，示教器可能与机器人或夹具发生碰撞，从而引发人身伤害或设备损坏事故。防止示教器意外跌落造成机器人误动作，从而引发人身伤害或设备损坏事故。

（9）在操作机器人时示教器上的模式开关应选择手动模式进行动作。不允许在自动模式下操作机器人。

（10）机器人运行过程中，严禁操作者离开现场，以确保意外情况的及时处理。

（11）机器人工作时，操作人员注意查看机器人电缆状况，防止其缠绕在机器人上；同时严禁在控制柜内随便放置配件、工具、杂物等。

（12）当工件是通过气动手爪、电磁方法等机构抓握时，请采用失效安全系统，以确保一旦机构的驱动力被突然断开时，工件不被弹出。

六、思考与练习

（1）示教器登录界面设有登录权限集成商密码是（　　）。

（2）机器人运动的主要两种模式（　　）和（　　）。

（3）机器人点位插入三种方式分别是（　　）。

（4）HC-AIR6L机器人点位6要素表达方法是（　　）。

（5）新建用户程序应放在哪个文件夹的根目录？

（6）如何查看机器人当前位置坐标？

参考答案：（1）GRACE

（2）单轴模式，笛卡尔模式

（3）lin、movej、ptp

（4）X、Y、Z、A、B、C

（5）script

（6）点击菜单监控，实时位置可以看到当前关节坐标和笛卡尔坐标

任务17 机器人行业实战
——视觉引导机器人无序抓取

本章介绍工业机器人与机器视觉的结合运用，即机器视觉搭配工业机器人准确引导抓取。视觉引导机器人无序抓取是在生产线上的一个常见应用，主要用于产品的上下料。这样可以减少人工搬运，提高生产效率。

一、任务背景

执行部件就像视觉系统的"四肢"，负责执行大脑下达的指令，被检测对象大多是运动的物体。机器视觉检测系统需要的处理频率和处理时机必须与检测目标物体的运动速度和单位时间检测件数匹配和协调一致。执行部件包含控制器和机械装置，控制器接收图像处理部件的输出结果，驱动机械装置完成特定运动功能。常见的机械装置由机器人、气动系统、液压系统和各种输送机系统组成。

工业机器人是面向工业领域的多关节机械手或多自由度的机器装置，能自动执行工作，是靠自身动力和控制能力来实现各种功能的一种机器。可接受人类指挥，也可以按照预先编排的程序运行，现代的工业机器人还可以根据人工智能技术制定的原则纲领行动。机器视觉引导工业机器人，即把相机安装在机器人的手臂上，随时跟随机器人的移动，相机可以通过一次拍摄定位出视野范围内的所有产品，通过数据传输，引导机器人抓取，并摆放在设定好的位置上。

本任务主要介绍HCvisionQuick机器视觉软件引导工业机器人无序抓取到有序地摆放物料。

二、能力目标

（1）掌握HCvisionQuick机器视觉软件机械手标定模块。

（2）掌握HCvisionQuick机器视觉软件机械手CCD抓取应用工具。

（3）掌握机械手与视觉之间定位抓取的配合编程。

三、知识准备

设备准备的清单，如列表19-1所示。

表19-1　清单表格

名称	型号
工业机器人本体	HC-AIR6L（如图19-1所示）
控制柜	如图19-2所示
示教器	如图19-3所示
工业相机和镜头	500万像素相机和8 mm镜头（如图19-4所示）
白色环形光源	一个
真空吸嘴	一个
安装平台	一套
HCvisionQuick视觉处理器	一套
物料	若干（如图19-5所示）

图19-1　机器人

图19-2　控制器

图19-3　示教器

图19-4 相机安装图   图19-5 物料

设备准备好后，提供220 V电源插排，连接线缆，搭配系统如图19-6所示。

图19-6 实物装配图

 四、任务实操：视觉引导机器人无序抓取

1. 活动内容

实现视觉引导机械手无序抓取到有序摆放物料，如图19-7所示的无序物料，图19-8所示为有序物料。

图19-7　无序物料

图19-8　有序物料

2.　活动流程

活动流程如图19-9所示。

图19-9　视觉引导机器人无序抓取活动流程

3.　操作步骤

（1）启动HCvisionQuick机器视觉软件和机器人。

启动HCvisionQuick机器视觉软件和机器人，并移动机器人至拍照位置记录下当前机器人位置点位X，Y，Z，RX，RY，RZ，如图19-10所示。

（2）9点标定。

在HCvisionQuick机器视觉软件的"实用功能模块"中选择"机械手标定"进行9点标定，标定流程图如图19-11所示，具体步骤如图19-12至图19-18所示。

机械臂位置姿态

位置(m)		姿态(deg)	
X:	-0.334545	RX:	-179.672394
Y:	-0.329237	RY:	1.031788
Z:	0.459564	RZ:	-97.304924

图19-10　位置信息

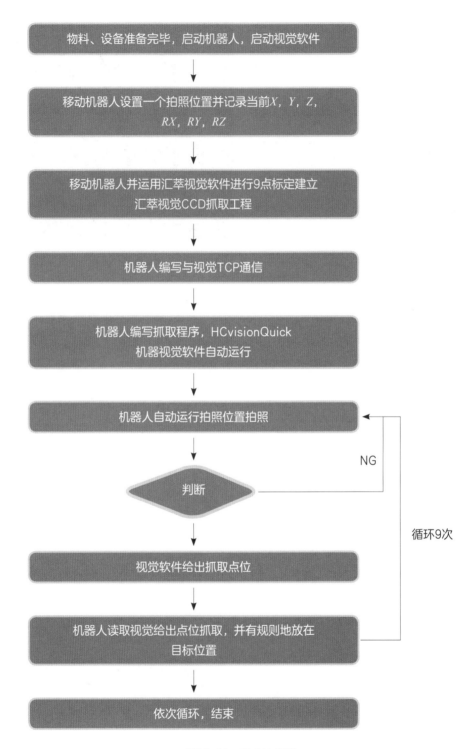

图19-11　标定流程图

图19-12　机械手标定

图19-13　添加校正信息

图19-14　校正设置：
CCD选择手部校正，标定
方式选择手动校正

图19-15　检测工具选择

图19-16　标定数据

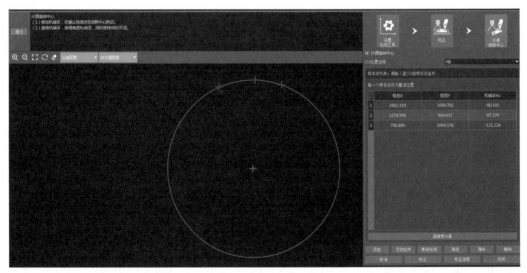

图19-17　旋转中心标定

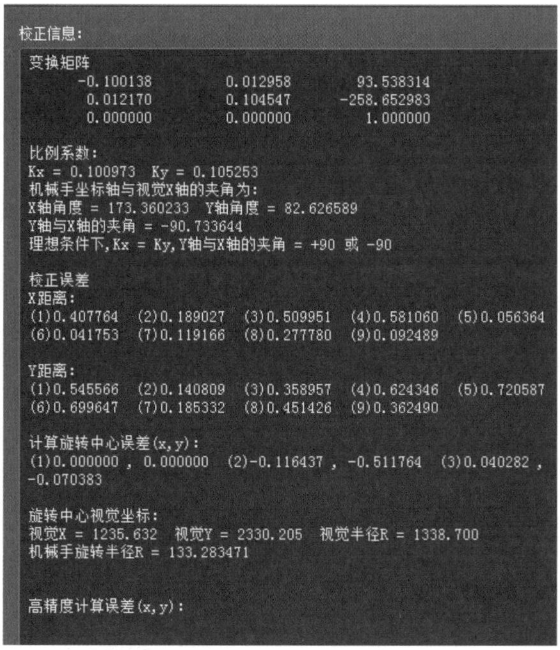

校正信息:
变换矩阵
-0.100138　0.012958　93.538314
0.012170　0.104547　-258.652983
0.000000　0.000000　1.000000
比例系数:
Kx = 0.100973　Ky = 0.105253
机械手坐标轴与视觉X轴的夹角为:
X轴角度 = 173.360233　Y轴角度 = 82.626589
Y轴与X轴的夹角 = -90.733644
理想条件下,Kx = Ky,Y轴与X轴的夹角 = +90 或 -90
校正误差
X距离:
(1)0.407764　(2)0.189027　(3)0.509951　(4)0.581060　(5)0.056364
(6)0.041753　(7)0.119166　(8)0.277780　(9)0.092489
Y距离:
(1)0.545566　(2)0.140809　(3)0.358957　(4)0.624346　(5)0.720587
(6)0.699647　(7)0.185332　(8)0.451426　(9)0.362490
计算旋转中心误差(x,y):
(1)0.000000 , 0.000000　(2)-0.116437 , -0.511764　(3)0.040282 ,
-0.070383
旋转中心视觉坐标:
视觉X = 1235.632　视觉Y = 2330.205　视觉半径R = 1338.700
机械手旋转半径R = 133.283471
高精度计算误差(x,y):

图19-18　校正信息

（3）创建工程。

创建是视觉运行程序添加“轮廓位置”工具，“一台CCD的抓取”工具并给出输出选择如图19-19和图19-20所示。

输出设置
条件设置
位置补正
实用功能
OK
打开相机
相机设置
功能添加
F100 轮廓位置
F101 块状物重心
F103 计算器
计算器
F103

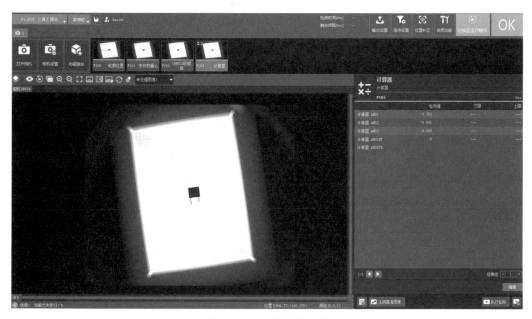

图19-19　机器视觉工程

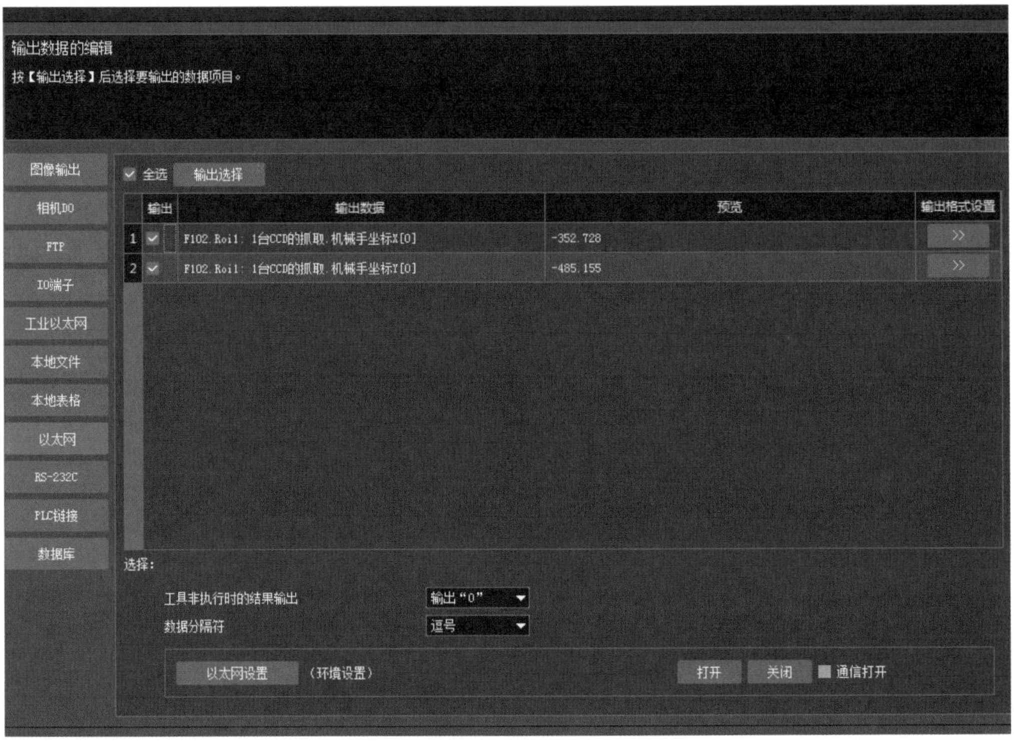

图19-20　通信输出设置

（4）创建机器人和视觉TCP通信编程。

视觉软件和机器人设置IP在同一个网段。例如，视觉软件IP 192.168.0.100与机器人IP 192.168.0.1。

socket vision　　//创建SOCKET通信，名称为vision

pose pset　　//创建点位作为存放视觉数据给出的点位数据

string data,strc,endchar　　//创建字符串，分割符用来接收数据，分割数据

double x,y,z,a,b,c　　//创建变量使接收的数据存放在变量中

func void main（）　　//声明主函数

init（）　　//初始化程序

label:　　//跳转标签

setip（"192.168.0.100","192.168.2.255","255,255,255.0"）　　//设置通信IP

waituntil accept（tszy,"192.168.0.100",5000）//连接视觉IP和通信端口

print"connect success"　　//通信连接成功打印信息提示

waituntil readuntil（tszy,data,"#"）　　//接收数据并用#结束

print data　　　　//打印接收的数据信息

scan from:data,delimiter:",",argtosave:bool,x,y,a,endchar　　　//分别把接收数据以","分割存储在相应的变量中

print bool　　　//打印bool变量坐标

print X　　　　//打印X变量坐标

print Y　　　　//打印Y变量坐标

Print RZ　　　//打印RZ变量坐标

print endchar　　　//打印结束符变量

pset.X=X　　　　//把X变量赋值给pset.X坐标

pset.Y=Y　　　　//把Y变量赋值给pset.Y坐标

pset.C=RZ　　　//把RZ变量赋值给pset.RZ坐标

if（bool ==0）　　//如果数据全部为0，表示当前画面下没有物料被识别

goto label　　//跳转语句,接收标志位数据为0即为NG

i=i+1

if（i==3）　　// 重复判断NG计数三次机器人停止

Pause　　//停止指令

endif

endif

Endfunc　　　　//主函数结束

（5）编写机器人main（）程序并自动运行。

func void main（）　　//主函数声明

init（）

n==0　　　//计数初始化0

label:

movej j:j1,vp:5%,sl:0mm,t:$FLANGE　　　//HOME点位，安全位置

lin p:p10,vl:100mm/s,s:s3,t:$FLANGE,w:$WORLD　　　//过渡点位

lin p:p11,vl:100mm/s,s:s3,t:$FLANGE,w:$WORLD　　　//拍照位置点位

vision :main（）　　　//调用vision视觉拍照子程序

pset.Z=350

linp:pset,v:v1,s:s1,t:$FLANGE,w:$WORLD　　　//走到抓取位置点位Z轴正上方350 mm

安全位置

setdo（3,1） //打开吸嘴

waittime 0.5 //等待0.5 s

linp:pset,v:v1,s:s1,t:$FLANGE,w:$WORLD　　//视觉拍照后给出抓取点位

pset.Z=350

linp:pset,v:v1,s:s1,t:$FLANGE,w:$WORLD　　//走到抓取位置点位Z轴正上方350 mm

安全位置

lin p:p12,vl:100mm/s,s:s1,t:$FLANGE,w:$WORLD　　//过渡点位

n++ //抓取个数计数

switch（n） //switch语句用来放料

case 1: //有序摆放物料

lin p:20,v:v1,s:s1,t:$FLANGE,w:$WORLD　　//将物料放置于对应料盘1位置

setdo（3,0） //释放吸嘴

waittime 0.5

lin p:30,v:v1,s:s1,t:$FLANGE,w:$WORLD　　//放物料抬升安全位置

case 2: //有序摆放物料

lin p:21v:v1,s:s1,t:$FLANGE,w:$WORLD　　//将物料放置于对应料盘2位置

setdo（3,0） //释放吸嘴

waittime 0.5

lin p:31v:v1,s:s1,t:$FLANGE,w:$WORLD　　//放物料抬升安全位置

case 3: //有序摆放物料

lin p:22,v:v1,s:s1,t:$FLANGE,w:$WORLD　　//将物料放置于对应料盘3位置

setdo（3,0） //释放吸嘴

waittime 0.5

lin p:32,v:v1,s:s1,t:$FLANGE,w:$WORLD　　//放物料抬升安全位置

Case4: //有序摆放物料

lin p:23,v:v1,s:s1,t:$FLANGE,w:$WORLD　　//将物料放置于对应料盘4位置

setdo（3,0） //释放吸嘴

waittime 0.5

lin p:33,v:v1,s:s1,t:$FLANGE,w:$WORLD　　//放物料抬升安全位置

Case5:　　//有序摆放物料

lin p:24,v:v1,s:s1,t:$FLANGE,w:$WORLD　　//将物料放置于对应料盘5位置

setdo（3,0）　　//释放吸嘴

waittime 0.5

lin p:34,v:v1,s:s1,t:$FLANGE,w:$WORLD　　//放物料抬升安全位置

Case6:　　//有序摆放物料

lin p:25,v:v1,s:s1,t:$FLANGE,w:$WORLD　　//将物料放置于对应料盘6位置

setdo（3,0）　　//释放吸嘴

waittime 0.5

lin p:35,v:v1,s:s1,t:$FLANGE,w:$WORLD　　//放物料抬升安全位置

Case7:　　//有序摆放物料

lin p:26,v:v1,s:s1,t:$FLANGE,w:$WORLD　　//将物料放置于对应料盘7位置

setdo（3,0）　　//释放吸嘴

waittime 0.5

lin p:36,v:v1,s:s1,t:$FLANGE,w:$WORLD　　//放物料抬升安全位置

Case8:　　//有序摆放物料

lin p:27,v:v1,s:s1,t:$FLANGE,w:$WORLD　　//将物料放置于对应料盘8位置

setdo（3,0）　　//释放吸嘴

waittime 0.5

lin p:37,v:v1,s:s1,t:$FLANGE,w:$WORLD　　//放物料抬升安全位置

Case9:　　//有序摆放物料

lin p:28,v:v1,s:s1,t:$FLANGE,w:$WORLD　　//将物料放置于对应料盘9位置

setdo（3,0）　　//释放吸嘴

waittime 0.5

lin p:38,v:v1,s:s1,t:$FLANGE,w:$WORLD　　//放物料抬升安全位置

n==0　　//完成9个物料后，计数复位0

default:　　// 超出计数打印异常信息

print"操作异常!"

Endswitch　　//结束switch语句

lin p:p10,vl:100mm/s,s:s3,t:$FLANGE,w:$WORLD　　//过渡点位

movej j:j1,vp:5%,sl:0mm,t:$FLANGE   //HOME点位，安全位置

goto label

Endfunc   //主函数结束

五、相关知识与技能

1. HC-AIR6L机器人DI，DO分配定义

（1）用户DI界面上的1～31路DI为CCB上提供的所有可用的DI，这31路DI为系统DI、用户DI和本体DI共用，可根据实际情况自行定义具体含义。如图19-21和图19-22所示。

图19-21　DI显示界面　　　　　　　　　图19-22　DI注释界面

表19-2　1～16路DI对应的物理接口为X24上的1～16路引脚

1~16路逻辑地址	1	2	…	15	16
X24端子排引脚号	1	2	…	15	16

17～26路DI对应的物理接口为X23，具体引脚对应关系如表19-3所示。

表19-3　17～26路DI对应的物理接口

17~26路逻辑地址	17	18	19	20	21	22	23	24	25	26
X23端子排引脚号	39	40	41	42	4	8	9	45	44	2

（2）用户DO界面上的1～28路DO为CCB上提供的所有可用的DO，这28路DO为系统DO、用户DO和本体DO共用。如图19-23和图19-24所示。

图19-23　DO显示界面　　　　　　　　图19-24　DO注释界面

1～16路DO对应的物理接口为X24上的33～48路引脚，按原方式接线。

表19-4　1～16路DO对应的物理接口

1～16逻辑地址	1	2	…	15	16
X24端子排引脚号	33	34	…	47	48

17、18、27、28路DO对应的物理接口为X23。

表19-5　17、18、27、28路DO对应的物理接口

17、18、27、28路逻辑地址	17	18	27	28
X23端子排引脚号	18	20	22	23

2. 电磁阀、真空发生器、真空吸盘的应用

工作原理：电磁阀控制空气的打开和闭合，真空发生器是对气压产生真空给吸嘴吸附物体。下面通过图片认识一下各个元器件，图19-25所示为电磁阀，图19-26所示为真空发生器，图19-27所示为吸嘴。

图19-25　电磁阀

图19-26　真空发生器

图19-27　吸嘴

六、思考与练习

（1）机器人无序抓取与HCvisionQuick机器视觉软件标定XY坐标分别取（　　　）个点。

（2）本任务机器人与HCvisionQuick机器视觉软件通信是通过哪种方式（　　　）。

（3）机器人无序抓取与HCvisionQuick机器视觉软件计算旋转中心标定至少需要取（　　　）个旋转点。

（4）HC-AIR6L机器人DI指（　　　）信号，DO指（　　　）信号。

参考答案：（1）9　　（2）TCP/IP　　（3）3　　（4）I/O输入　I/O输出

任务18　机器人行业实战
——视觉引导机器人运动跟随

机器人通过视觉引导抓取同步带上运动的产品是典型的机器视觉跟踪系统。传感器检测到同步带上有产品经过，触发相机拍摄，通过图像算法获取产品的抓取位置；同时传感器触发机械手锁存同步带位置，进入跟踪模式；当产品进入捕获区域之后，机械手跟随运动中的产品，实现抓取。

一、任务背景

传送带跟踪功能，即机器人的TCP（工具中心点）可以自动地跟随传送带上的移动工件，使传送带运行时，机器人可正常地操作工件，TCP相对于移动工件进行运动。在跟随功能中，需要标定视觉坐标系、皮带坐标系和机械手坐标系的关系，有时为了适应皮带不同速度下的同步跟踪，需要标定补偿参数。

本任务通过使用HCvisionQuick机器视觉软件，完成机器人和传送带的跟踪功能配置及编程，机器人和视觉软件之间的工程搭建与编程。需要完成机器人从物料盘上分别抓取正方形、三角形、圆形产品放到传送带料盘内，然后传送带料盘移动，机器人跟随传送带完成视觉拍照和抓取，最后再有序放回物料盘内，如图20-1和图20-2所示。

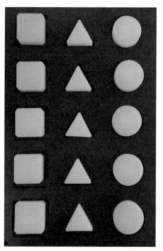

图20-1　物料盘

二、能力目标

（1）熟练掌握HCvisionQuick机器视觉软件与工业机器人的通信。

图20-2　传送带料盘

（2）了解视觉坐标系、机器人坐标系、传送带坐标系、工具坐标系之间的关系。

（3）了解三菱PLC的编程原理。

 三、知识准备

要准备的设备清单如表20-1所示。

表20-1　设备清单

名称	型号
工业机器人本体、控制柜、示教器	HC-AIR6L
工业相机和镜头	500万像素相机和8 mm镜头
白色环形光源	一个
真空吸嘴	一套
安装平台	一套
HCvisionQuick视觉处理器	一套
触摸屏	一套
物料	若干（正方形、三角形、圆形）

设备准备好后，安装搭配相关软硬件，如图20-3所示。

图20-3　整体布局

四、任务实操：视觉引导机器人运动跟随

1. 活动内容

视觉引导机器人运动跟随。

2. 活动流程

活动流程如图20-4所示。

图20-4　视觉引导机器人运动跟随活动流程

3. 操作步骤

（1）工业机器人传送带跟踪系统的配置与编程。

参数配置如图20-5所示。

图20-5　配置参数显示界面

①示教器上打开参数配置，全局界面将"伺服从站数"改为7，如图20-6所示。

图20-6　配置从站单元

②通道1中，将"外轴数量"改为1，"机械单元数量"改为2，"机械单元型号"中的[1]改为conveyor，"机械单元名称"中的[1]改为C1，如图20-7所示。

全局	通道1	机器人	外部控制	IO映射	« »
变量	名称	值	单位	类型	
+ BASE	机械单元基坐标系			wobj[3]	
EX_JOINT_NUM	外轴数量	1		uint	
MECH_UNIT_NUM	机械单元数量	2		uint	
− MECH_UNIT_MODEL	机械单元型号			string[3]	
[0]		AIR6A_V5		string	
[1]		Conveyor		string	
[2]		UNKNOW...		string	
− MECH_UNIT_NAME	机械单元名称			string[3]	
[0]		R1		string	
[1]		C1		string	
[2]				string	

图20-7　配置通道

③将"外轴是否使用外部控制"中的[0]改为true，"外轴类型"设置为1，1代表直线轴，0代表旋转轴，如图20-8所示。

全局	通道1	机器人	外部控制	IO映射	« »
变量	名称	值	单位	类型	
+ EXJOINT_ENCODER_...	非伺服外轴类型			string[6]	
− EXJOINT_EXT_CONT...	外轴是否使用外部控制			bool[6]	
[0]		true		bool	
[1]		false		bool	
[2]		false		bool	
− EXJOINT_TYPE	外轴类型			int[6]	
[0]		1		int	

图20-8　通道配置参数

④在第三步设置好后断电重启，然后设置或查看传送带跟踪参数。

⑤传送带标定，首先需要使用四点法标定一个工具坐标系。然后点击运行—标定—传送带标定，打开传送带标定界面。要先设定好同步开关IO，即光电开关DI（图20-9）。最后点击"激活"，将传送带激活，然后点击"标定"，进行传送带基坐标系的标定，如图20-10所示。

338

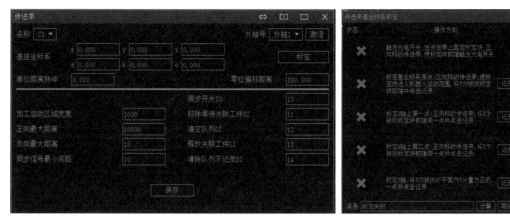

图20-9 同步开关设定　　　　　　　　　　图20-10 标定界面

⑥调试编程。

如果在示教时需要参考移动工件坐标系wobj0，则首先需要工件与移动工件坐标系建立关联，这需要通过下面的程序帮助实现：

func void main（）

init（）

actunit "C1"

waitwobj $wobj0

endfunc

在程序编辑器中编写上段程序，然后运行，程序会一直在waitwobj语句等待。在传送带上放置一个工件，使其通过光电开关与起始加工区域，停止传送带，此时工件与移动工件坐标系wobj0建立关联。在jog界面选择工具，选择坐标系wobj0，则可以进行程序示教。

注意：在示教过程中需要确保工件与移动工件坐标系处于关联状态。

例程：

ptp p:p0,v:v1,s:s1,t:$tool0,w :$WORLD

waitwobj $wobj0　　　//等待工件

//开始上车

lin p:p1,v:v1,s:s1,t:$tool0,w:$wobj0

//上车完毕

//传送带跟踪开始

lin p:p2,v:v1,s:s1,t:$tool0,w:$wobj0

lin p:p3,v:v1,s:s1,t:$tool0,w:$wobj0

//传送带跟踪结束

//开始下车

lin p:p6,v:v1,s:s1,t:$tool0,w:$wobj0

lin p:p1,v:v1,s:s1,t:$tool0,w:$WORLD

//下车完毕

dropwobj w:$wobj0

注意：下车最后一点必须是基于固定工件坐标系或与传送带无关的工件坐标系上的目标点。

⑦调试编程结束后进行机器人运行程序的编写，最终和整合系统编程介入，程序如下所示：

```
socket s //机器人创建TCP/IP与视觉软件通信

string data,endchar

double x,y,a,t

int recog_ng=0,recog_ok=0

int X_Index=0,Y_Index=0

int X_Step_Size=5,Y_Step_Size=10

pose pset,pf

const speed v1 = { per 25, tcp 500, ori 150}

const slip s1 = { jdis −1, pdis −1}

const int X_COUNT=4

const int Y_COUNT=5

//取料子程序

func void load_material （）

int i=0

//抓取圆形块

for（i=0;i<3;i++）      //从料盘取3个圆块放置于料槽

   pf=p1 //p1为料盘中第一个圆块位置，已提前记录

   pf.Y+=37.05*i       //37.05 mm为料盘中物料槽Y方向的间隔距离，依实际距离
```

设定

```
ptp offset（pf,0,0,50）,v:v1,s:s1,t:$FLANGE,w:$WORLD        //运动至取料点上方50 mm

lin p:pf,v:v1,s:s1,t:$FLANGE,w:$WORLD        //直线运动至圆块取料点

setdo（3,1）        //打开吸盘，吸取圆块

waittime 0.3        //延时300 ms

lin offset（pf,0,0,50）,v:v1,s:s1,t:$FLANGE,w:$WORLD  //运动至取料点上方50 mm

pf=pa        //p1为料槽上放置第一个圆块的位置，已提前记录

pf.Y-=18*i        //36mm为放置的圆块间隔距离，可自行设置

ptp offset（pf,0,0,50）,v:v1,s:s1,t:$FLANGE,w:$WORLD

//运动至料槽圆块放置点上方50 mm

lin p:pf,v:v1,s:s1,t:$FLANGE,w:$WORLD        //直线运动至圆块放置点

setdo（3,0）        //关闭吸盘，放下圆块

waittime 0.3        //延时300 ms

lin offset（pf,0,0,50）,v:v1,s:s1,t:$FLANGE,w:$WORLD        //运动至放料点上方
50 mm

endfor

//抓取三角块

for（i=0;i<3;i++）        //从料盘取3个三角块放置于料槽

pf=p2        //p2为料盘中第一个三角块位置，已提前记录

pf.Y+=37.05*i

ptp offset（pf,0,0,50）,v:v1,s:s1,t:$FLANGE,w:$WORLD

lin p:pf,v:v1,s:s1,t:$FLANGE,w:$WORLD

setdo（3,1）

waittime 0.3

lin offset（pf,0,0,50）,v:v1,s:s1,t:$FLANGE,w:$WORLD

pf=pb        //pb为料槽上放置第一个三角块的位置，已提前记录

pf.Y-=18*i

ptp offset（pf,0,0,50）,v:v1,s:s1,t:$FLANGE,w:$WORLD

lin p:pf,v:v1,s:s1,t:$FLANGE,w:$WORLD
```

```
setdo（3,0）

waittime 0.3

lin offset（pf,0,0,50）,v:v1,s:s1,t:$FLANGE,w:$WORLD

endfor

//抓取方块

for（i=0;i<3;i++）        //从料盘取3个方块放置于料槽

pf=p3              //p3为料盘中第一个方块位置，已提前记录

pf.Y+=37.05*i

ptp offset（pf,0,0,50）,v:v1,s:s1,t:$FLANGE,w:$WORLD

lin p:pf,v:v1,s:s1,t:$FLANGE,w:$WORLD

setdo（3,1）

waittime 0.3

lin offset（pf,0,0,50）,v:v1,s:s1,t:$FLANGE,w:$WORLD

pf=pc             //pb为料槽上放置第一个方块的位置，已提前记录

pf.Y-=18*i

ptp offset（pf,0,0,50）,v:v1,s:s1,t:$FLANGE,w:$WORLD

lin p:pf,v:v1,s:s1,t:$FLANGE,w:$WORLD

setdo（3,0）

waittime 0.3

lin offset（pf,0,0,50）,v:v1,s:s1,t:$FLANGE,w:$WORLD

endfor

endfunc

func void main（）

init（）

$RPP_ENABLE=0

//与视觉软件通信

setip（"192.168.1.2","192.168.1.255","255.255.255.0"）

waituntil accept（s,"192.168.1.2",5000）

print "connect success!"
```

```
//与视觉软件通信成功!ptp p:Start_Point,vp:5%,sp:−1%,t:$FLANGE,w:$WORLD
//回复至启动原点
int k=0,m=0,n=0,count=0
while（1）
restart_label:
clearbuff（s）  //清网络通道缓存
load_material（）  //执行上料动作
    search_label:
    for（Y_Index=0;Y_Index<Y_COUNT;Y_Index++）
//控制拍照点在Y方向上的调整次数
        for（X_Index=0;X_Index<X_COUNT;X_Index++）
//控制拍照点在X方向上的调整次数
            count++
            print "count=",count
            pf=Camera_ShotPos      //将初始拍摄点赋值给临时变量pf
            pf.x−=X_Step_Size*X_Index      //调整拍照点的X坐标
            pf.y−=Y_Step_Size*Y_Index      //调整拍照点的Y坐标
            lin p:pf,v:v1,s:s1,t:$FLANGE,w:$WORLD  //运动至拍照点
              pulsedo（5,true,0.5）      //发送脉冲触发相机拍照
            waittime 0.5
            waituntil readuntil（s,data,"\r"）        //等待视觉处理机传送偏移坐标
            scan from:data,delimiter:",",t,x,y,a,endchar
//以 "，" 分割数据，分别存于t,x,y,a,endchar变量中
              if（t!=0）    //如果数据全部为0，表示当前画面下没有物料被识别
                  pset=pf      //将当前拍摄点赋值给变量pset
            pset.X+=X //当前拍摄点X坐标加上X偏移量得到物料抓取点的X坐标
            pset.Y+=Y //当前拍摄点Y坐标加上Y偏移量得到物料抓取点的Y坐标
                  pset.a+=a
//当前拍摄点旋转角度a加上角度偏移量得到物料抓取点的旋转角度a
            pset.Z=350  //76 mm为吸盘贴近物料的Z坐标高度，根据实际情况设定
```

```
            lin offset（pset,0,0,50）,v:v1,s:s1,t:$FLANGE,w:$WORLD
//运动至取料目标点上方50 mm
            lin p:pset,v:v1,s:s1,t:$FLANGE,w:$WORLD        //取料目标点
        setdo（3,1）        //打开吸盘，吸取物料
        waittime 0.3
        lin offset（pset,0,0,50）,v:v1,s:s1,t:$FLANGE,w:$WORLD
//运动取料目标点上方50 mm
            endif
            switch（t）
            case 1:    // "1" 代表圆块
                if（k<3）
                pf=p1            //p1为料盘中第一个圆块位置，已提前记录
                    pf.Y+=37.05*k
                ptp offset（pf,0,0,50）,v:v1,s:s1,t:$FLANGE,w:$WORLD
//吸取物料运动至目标点上方
                lin p:pf,v:v1,s:s1,t:$FLANGE,w:$WORLD
//将物料放置于对应料盘中
                setdo（3,0）
                waittime 0.3
                lin offset（pf,0,0,50）,v:v1,s:s1,t:$FLANGE,w:$WORLD
//机械手上升至目标点上方
                k++
            else
                ptp p:Dummy_Point,v:v1,s:s1,t:$FLANGE,w:$WORLD
                setdo（3,0）
                waittime 0.3
                print"圆块已装满，请清理料盘!"
                pause
            endif
        case 2:    // "2" 代表三角块
```

```
            if（m<3）
                pf=p2      //p2为料盘中第一个三角块位置，已提前记录
                    pf.Y+=37.05*m
                    ptp offset（pf,0,0,50）,v:v1,s:s1,t:$FLANGE,w:$WORLD
                    lin p:pf,v:v1,s:s1,t:$FLANGE,w:$WORLD
                    setdo（3,0）
                    waittime 0.3
                    lin
offset（pf,0,0,50）,v:v1,s:s1,t:$FLANGE,w:$WORLD
                m++
            else
                ptp p:Dummy_Point,v:v1,s:s1,t:$FLANGE,w:$WORLD
                setdo（3,0）
                waittime 0.3
                print"三角块已装满，请清理料盘!"
                pause
            endif
        case 3:  // "3" 代表方块
            if（n<3）
                pf=p3
                pf.Y+=37.05*n
                ptp
offset（pf,0,0,50）,v:v1,s:s1,t:$FLANGE,w:$WORLD
                lin p:pf,v:v1,s:s1,t:$FLANGE,w:$WORLD
                setdo（3,0）
                waittime 0.3
                lin
offset（pf,0,0,50）,v:v1,s:s1,t:$FLANGE,w:$WORLD
                n++
            else
```

```
                    ptp p:Dummy_Point,v:v1,s:s1,t:$FLANGE,w:$WORLD
                    setdo（3,0）
                    waittime 0.3
                    print"方块已装满，请清理料盘!"
                    pause
                endif
            default:
                    print"当前画面未能识别出物料!"
            endswitch
            if（count==X_COUNT*Y_COUNT-1 &&（n<3 || m<3 || k<3））
count=0
                    print"没有全部识别出物料，请继续识别!"
                    goto search_label
            endif
            if（n==3 && m==3 && k==3）
                    print"物料已全部识别，重新上料!"
                    n=0
                    m=0
                    k=0
                    goto restart_label
        endif
        endfor
        endfor
    endwhile
    Endfunc
```

（2）搭建HCvisionQuick机器视觉软件工程。

HCvisionQuick机器视觉软件工程如图20-11所示。

（3）三菱PLC程序编程，触摸屏编程。

PLC梯形图程序如图20-12所示，触摸屏显示的内容如图20-13所示。

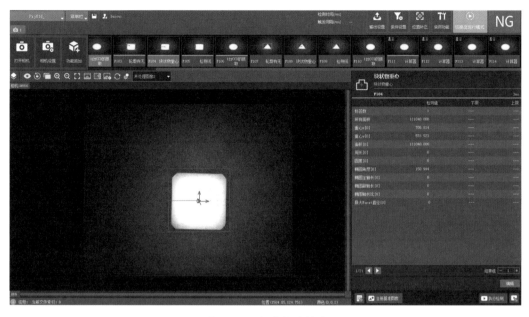

图20-11　视觉程序搭建

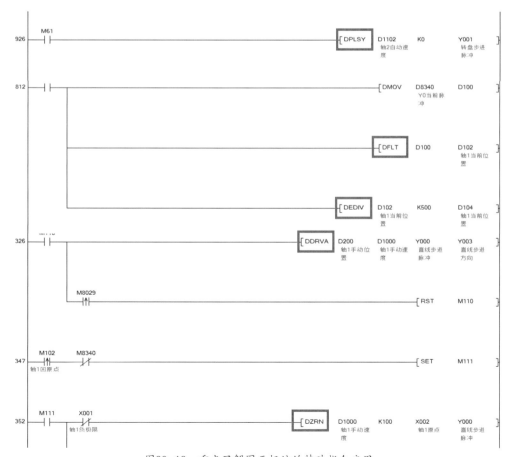

图20-12　重点了解图示标注的特殊指令应用

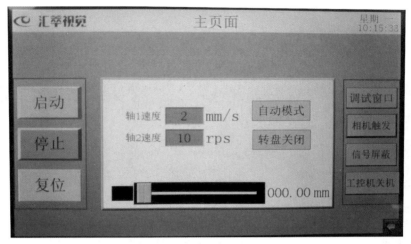

图20-13　触摸屏

五、相关知识与技能

（1）传送带跟踪功能的需求定义中会使用以下名词，其具体定义如下。

记录：工件越过传送带同步开关后，其位置数据被写入工件队列，并实时更新。

关联：工件与移动工件坐标系建立连接，移动工件坐标系随工件移动。

释放：已关联的移动工件坐标系和工件之间解除连接。

等待关联：当前关联的工件被释放后，下一个优先被关联的工件即处于等待关联的状态。

上车：机器人TCP从基于固定工件坐标系或与传送带无关的工件坐标系上的目标点运动至与传送带关联的移动工件坐标系上的目标点的过程为"上车"过程。

下车：机器人TCP从与传送带关联的移动工件坐标系上的目标点运动至基于固定工件坐标系或与传送带无关的工件坐标系上的目标点的过程为"下车"过程。

（2）传送带标定需要注意的名词解释。

加工启动区域宽度：为从传送带基坐标系零点沿传送带移动方向设定的距离，此宽度主要作为关联工件使用，如果工件在进入此区域时，机器人会自动关联，同时，如果机器人加工上一个工件过程中，第二个工件已经出现在此区域，则第二个工件不会被关联，也就是说不会被跟踪。

正向最大距离：为从传送带基坐标系零点沿传送带移动方向设定的距离，此距离一般比加工区域距离要大。如果工件关联上后没有被主动释放（dropwobj），则到达此位置后会被动释放。

同步信号最小间距：机器人可定义工件最小间距，即两次同步信号之间传送带需经过的最小距离，在最小间距之内产生的同步信号将会被过滤。可以通过设置相关IO进行一些操作。

同步开关IO：光电开关，上升沿有效。

移除等待关联工件DI：取消等待关联工件的队列，如果过了光电开关，但没有进入工作区域，则不属于等待关联，不会被移出队列，上升沿有效。

清空队列DI：清空当前进入队列中的工件，被关联的不受影响，上升沿有效。

释放关联工件DI：释放当前被关联的移动工件坐标系，报出不正常释放报警，上升沿有效。

清除队列不记录DI：把当前关联的操作完，后面的清掉，再来的也不记录了。高电平有效。注意：除同步开关IO外，其他DI为系统信号，需要将外部自动控制打开才可以生效。全部设置完后，点击"保存"，重启系统生效。

以上设置的这些参数均可以在系统参数配置"传送带C1"选项卡中进行查看和修改。

（3）三菱PLC FX3U相关认识，如图20-14与图20-15所示。

图20-14　三菱PLC实物

FX3u微型控制器的输入根据外部接线，漏型输入和源型输入都可使用。

<u>但是，S/S端子的接线一定要连接。</u>

详细事宜请参考同捆的"FX3u系列微型控制器硬件说明手册"。

· AC电源型的输入配线事例

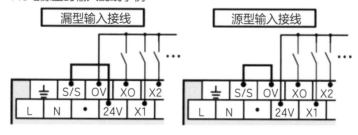

图20-15　PLC接线图

（4）工业机器人基座坐标系的标定方法，如图20-16所示。

①将工件（标定块）沿传送带移动，触发光电开关时记录脉冲数（右侧没有记录

按钮，该步骤自动记录，状态自动切换）。

②将工件（标定块）停在机器人可以够到的位置（选择合适的点），用TCP接触端点，作为基坐标系原点，点击"记录"，记录成功后，前方的×会变成√。

③继续移动传送带，使工件（标定块）停在基坐标系X轴上某点，用TCP接触上一步同一端点，作为X轴上第一点，点击"记录"。

④重复上一步，记录X轴上第二点。

⑤用TCP接触XY平面内Y分量为正的一点，点击"记录"。

全部记录成功后，点击"计算"按钮计算误差，如果超出误差范围需重新标定，若在误差允许范围内，即完成标定。

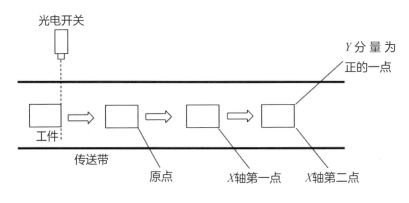

图20-16　标定简图

⑥安装三菱PLC编程软件GX Works2，编写启动、保持和停止程序，如图20-17所示。

启动、保持和停止电路（简称启保停电路）在梯形图中得到了广泛的应用，现在将它重画在图1中。图中的启动信号X1和停止信号X2（如启动按钮和停止按钮提供的信号）持续为ON的时间一般都很短，这种信号称为短信号，启保停电路最主要的特点是具有"记忆"功能，当启动信号X1变为ON时，（波形图中用高电平表示），X1的常开触点接通，如果这时X2为OFF，X2的常闭触点接通，Y1的线圈"通电"，它的常开触点同时接通。放开起动按钮，X1变为OFF（用低电平表示），其常开触点断开，"能流"经Y1的常开触点和X2的常闭触点流过Y1的线图，Y1仍为ON，这就是所谓的"自锁"或"自保持"功能。当X2为ON时，它的常闭触点断开，停止条件满足，使Y1的线圈"断电"，其常开触点断开。以后即使放开停止按钮，X2的常闭触点恢复接通状态，

Y1的线圈仍然"断电"。这种功能也可以用SET（置位）和RST（复位）指令来实现。

图20-17　启停梯形图示意

六、思考与练习

（1）HC-AIR6L工业机器人在示教器上打开参数配置，全局界面将"伺服从站数"改为（　　）。

A. 1　　　　　　B. 3　　　　　　C. 5　　　　　　D. 7

（2）HC-AIR6L工业机器人通道1中，将"外轴数量"改为1，"机械单元数量"改为2，"机械单元型号"中的[1]改为conveyor，"机械单元名称"中的[1]改为（　　）。

A. C1　　　　　　B. C2　　　　　　C. C3　　　　　　D. C4

（3）HC-AIR6L机器人外轴"是否使用外部控制"中的[0]改为true，"外轴类型"设置为1，1代表（　　），0代表（　　）。

（4）HCvisionQuick机器视觉软件中编写程序，我们把视觉输出1代表圆块，2代表方块，3代表三角块，能否用其他数字或者字符代替？

参考答案：（1）D　　　（2）A　　　（3）直线轴，旋转轴　　　（4）可以

参考文献

[1] 周才健，王硕苹，周苏. 人工智能基础与实践［M］. 北京：中国铁道出版社，2021.

[2] 冈萨雷斯，伍兹. 数字图像处理［M］. 2版. 阮秋琦，等译. 北京：电子工业出版社，2011.

[3] 郝允祥，陈遐举，张保洲. 光度学［M］. 北京：中国计量出版社，2010.

[4] 高娟娟，渠中豪，宋亚青. 机器视觉技术研究和应用现状及发展趋势［J］. 中国传媒科技，2020（7）：21-22.

[5] 孙郑芬，吴韶波. 机器视觉技术在工业智能化生产中的应用［J］. 物联网技术，2020，10（8）：4.

[6] 陈英. 机器视觉技术的发展现状与应用动态研究［J］. 无线互联科技，2018，15（19）：147-148.